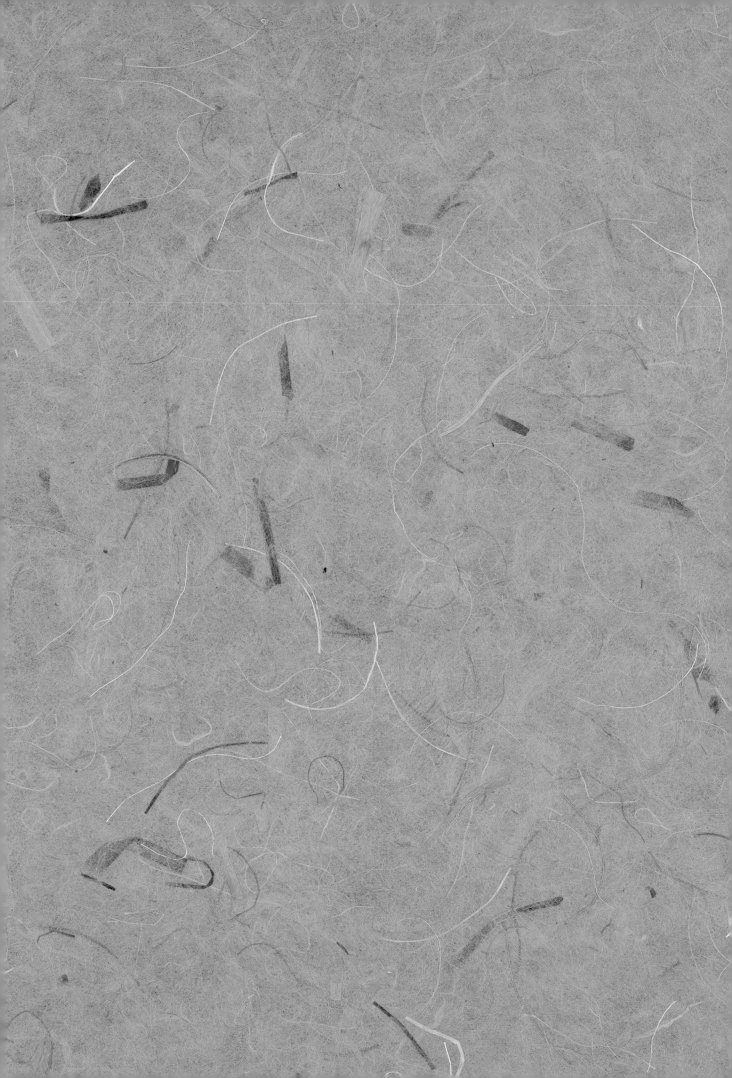

The Theory and
Practice of
China Greenway
Planning and Design

中国绿道规划设计理论与实践

何昉 著

中国建筑工业出版社

序一

为中引外 鉴古开今

博大精深 传承创新

——贺《中国绿道规划

设计理论与实践》付梓

　　这本书的原型是一篇博士生的毕业论文，鉴于在广泛收集、研究相关资料和实地考察并以园林规划设计实践的积累，再提升到理论论证，答辩委员会不仅给予九十几分的高分，而且指出这是一篇质量高的毕业论文。"天道助耕"也，作者基于美轮美奂的要求又写完这些内容，可以说是锦上添花之作，其中缘由值得参考。

　　这本来是国外学者提出研究的专题，但中国古来就有丰富的类似实践，怀着中国借鉴外国要尽力突出中国的民族特色，化外为中用，鉴古开今，按部就班，有条不紊。首先学习国外绿道发展的成就，对国际绿道、欧美及其他国家发展的成就，通过参加国际绿道学术会，重点实地考察和收集研究历史资料，初步摸清国际绿道理论发展的现状、特色和未来发展的趋势，特别是对我国绿道有哪些前车之鉴的启示。

　　与此同时要研究中国古道独一无二的特色"天人合一"。绿道落在"道上"、"补路修桥是行善事"、"道莫便于捷而妙于迂"说明了以交通为主的路和园林赏景的路的根本区别。道之难在于从无道中开辟道路，昆明西山风景那么好可并无道路可通，人民很不方便，就有一位道士以此为终身己任，化缘筹钱，探险开道，积数十年之积累开通了方便庶民之道。现在人们游览龙门的石洞栈道就是这位道士开凿的并有石刻铭文可证。黄山的松、石、云、泉这么美，当时也无路可通，是一位和尚历尽千辛万苦开辟了通景的山路。"天人合一"落实在"物尽天然之趣，不烦人事之工"。少费不是不加人工，而是在天然风景资源的基础上"风景以人成胜概"。淳朴的自然美寓入社会美才创造了园林艺术美，才能满足"赏心悦目"的中国赏景要求。古时四川三峡有一条很长的绿道，实际上是生态廊道的侧柏纯林，侧柏适应性很强，龙杆苍虬，苍翠凉荫。古道名"翠云廊"，则美到人心窝里面了。对这样重要的景点作者总是奔赴现场实地考察，从中吸取"培根铸魂"的营养。由哲学、中国传统美学、山水画论、风水理论、人居环境学博采众长地寻觅出中国绿道的定义、功能、构成和设计的策略。

"学而时习之不亦说乎"，理论研究从设计实践中来。何昉大师主持承担了大量的绿道规划设计，密切结合地区的生态格局、城乡规划、精准扶贫布局和旅游资源开发等对珠江三角区绿道网、东莞松山湖产业园风景道、武汉东湖绿道、成都锦城绿道以及环首都绿道网规划及三山五园绿道建设等做了大量接地气、通人脉的设计实践。作者通过这些案例总结中国绿道规划设计方法，提出绿道设计方案实施，建设与管理方法。

我有幸曾去松山湖参观，途中感受到绿道一反城市道路方格网平直、宽广、呆滞的观感，而是与周边自然地形密切结合，路随山转，山因路活，深感绿道设计的力量能感动肺腑，畅人胸怀。

基于上述，我谨以中国风景园林学会名誉理事长的名义，对本书作者何昉大师和全体工作人员致以同道衷心的祝贺和诚挚的感谢。你们为中华民族的园林文库注入了新力量。本书也欢迎广大读者批评指正。

中国工程院院士

2019 年 4 月 5 日

序二

序作者：

美国绿道之父、美国风景园林师协会理事，美国马萨诸塞大学阿默斯特分校名誉教授、朱利叶斯·法伯斯（Julius Gyula Fàbos）博士

美国绿道著名专家、美国风景园林师协会理事，美国马萨诸塞大学阿默斯特分校教授、杰克·埃亨（Jack Ahern）博士

何昉教授编著的《中国绿道规划设计理论与实践》是一本极具独创性、学术性和时代性的专著。这是第一本清晰阐述在中国背景下与中国历史、文化和城市设计先例有着深刻联系的绿道战略的书籍。重要的是，这本书的出版正值中国处于前所未有和快速的城市化时期。这本书将会在未来几十年从社区级别到区域级别潜在地影响中国空间格局和生态形态，为中国实现繁荣、可持续发展和健康未来的中华民族理想起着重要作用。

绿道概念通常被认为是一项西方发明，起源于19世纪F. L. 奥姆斯特德（F. L. Olmsted）的波士顿"翡翠项链"、美国的长途步道，以及美国和欧洲的城市绿化带。中国有着令人惊叹的五千年文明，在各个历史时期都有早期和持续的创新城市化和基础设施的案例。在何昉教授的著作中，他准确地把中国绿道的起源追溯到周汉秦朝古道的文化成就和传统。这些古道网络，在西方被称为丝绸之路，体现了绿道的几个基本特征。

古道首先是洲际规模的线形基础设施，它支持了很多功能和资源，包括交通、贸易、国家安全，还有文化知识、价值观、传统文化的传播。书中将绿道、中国传统美学、山水画、传统生态知识等不同主题进行了重要联系。这些联系将绿道与中国历史文化紧密联系起来，并在此基础上，何昉教授提出了中国古代绿道早于西方绿道的重要理念。更重要的是，绿道策略深深根植于中国文化之中，因此代表着中国应对未来可持续发展挑战的一个解决方案。

中国绿道的历史基础为全面阐释当代绿道的功能和结构奠定了基础。绿道被解释为从国家到省、市、社区多种尺度上连续发挥作用的保护地系统。在每种尺度上，何昉教授记录了绿道如何提供多种生态系统服务，并将其解释为一种功能复合型策略。这一策略建立在开创性的国际绿道理论（《绿道：一场国际运动的开端》，朱利叶斯·法伯斯和杰克·埃亨1995年著）成就基础

上。绿道因其内在的战略优势而获得国际认可。研究发现，自然资源和文化资源并不是随机分布在景观中，而是出现在线形廊道中，因此绿道以最小的土地面积囊括并保护了很大部分的重要资源。换言之，绿道在空间连接上是高效的。在中国，这是非常有意义的。因为绿道具有链接到更大网络的线形特征，它们抓住并利用连通性的固有优势，这也就是绿道网支持交通、水文、生态和历史文化资源的基本属性。绿道的最终战略优势在于多功能的互补性，由于许多功能具有兼容性和互补性，因此在线形廊道中，很多功能能够得到支持。也许绿道连通性最重要的益处是心理上的，它将整个社区中的人与自然联系起来。这种益处已被证明可以改善个人和社会健康。历史上，人类与自然是通过城市的大型公园进行互动的，比如著名的波士顿"翡翠项链"，或者北京的奥林匹克森林公园。绿道的概念为这个议题带来了新策略。在中国对高质量、有吸引力和生态价值的公共城市空间有着更新需求的背景下，通过在街区和社区中建立"绿色手指"，形成了一种支持人与自然互动的哲学或精神需求的物质联系。

何教授对如何规划和设计绿道以实现其多重潜力进行了实用且明确的调查，推动了这项历史和理论研究。功能复合策略将自然景观保护、生态修复、尊重整合传统文化知识和景观文化传统的目标相结合。本书接着提出了中国绿道规划设计五个阶段步骤，并且结合生态保护、废弃铁路等区域和市政廊道，介绍了国家、区域和城市绿道的规划设计方法。

书中从 2010 年珠江三角洲绿道网总体规划、环首都绿道规划等具体案例入手，探讨中国绿道近代史。这些案例都是近年来中国城市发展、自然保护、生态安全和文化价值保护的国家政策的一部分。这些近期绿道提供了多种专业实践案例，将被本书的中国读者所熟悉。这些规模宏大的绿道规划设计实践还带来了及时的经验，有助于未来中国绿道的发展。本书提供了全面的理论指导，极大地提高了公众和专业人士对绿道的理解，从而实现更有效的执行和施工后管理。本书在当代绿道规划的第一个十年即将结束之际，提出了一个及时而紧迫的信息：绿道对于中国继续走可持续城市和区域发展的道路具有重要战略意义。

中国正处于前所未有的城市和经济增长时期。根据世界银行和《中国统计年鉴》的数据，中国城镇人口比例近期已超过 50%，预计到 2050 年将达到 70%。这相当于未来 30 年中国将新增 3 亿～4 亿城市居民。无论以何种标准衡量，这都是一个意义深远的数据！随着中国从农业经济向以全球服务业和制造业为基础的经济转型，造成这种农村人口向城市迁移的城市化现象是由宏观社会经济变化驱动的。这种前所未有的当前和未来的城市化将从根本上改变整个中国的景观。这的确是一个关键时刻，让我们反思中国现在及将来的样子，或者未来可能成为什么样子。

中国绿道最大的创新之处在于它们是如何直接从古道和大运河在内的历史线形先例中衍生出来并发生关联，而且，随着中国继续处于城市与经济空前发展的空前阶段，它们如何在当今时代显示其意义和及时性。如今，为了保证中国当前和未来的城市形式融入战略性的绿道廊道，绿道比以往更加重要。这些战略性绿道本身就具有提供一系列广泛的生态系统服务的关键潜力，这些服务对中国未来的可持续发展至关重要。何昉教授对绿道如何成为一种对中国未来起着关键作用的独特中国传统进行了阐述。

此文李燕娜、刘雅倩译

序二 原文

The Theory and Practice of China Greenway Planning and Design
Author: Prof. He Fang
School of Landscape Architecture, Beijing Forestry University, China
Publisher: China Architecture and Building Press
Preface by:
Julius Gyula Fábos, Ph.D., Professor Emeritus, University of Massachusetts, Amherst, USA. FASLA
and Jack Ahern, Ph.D., Professor, FASLA, University of Massachusetts, Amherst, USA.

"The Theory and Practice of China Greenway Planning and Design" by Professor He Fang is a highly original, scholarly and timely book. This is the first book to articulate the greenways strategy in the Chinese context with insightful connections to Chinese history, culture and urban design precedents. Importantly, this book is being published during a globally-unprecedented, and continuing period of rapid urbanization in China. This book has the potential, literally, to influence the spatial and ecological form of China – from neighborhood to regional scales – for the coming decades – which are critical to support China's national aspirations of a prosperous, sustainable, and healthy future.

The greenways concept is commonly understood as a Western invention, with 19th Century origins in F.L. Olmsted's Emerald Necklace in Boston, long distance trails in the US, and urban greenbelts in the USA and Europe. China has an impressive 5,000 years of civilization with early and continued examples of innovative urbanization and infrastructure from every historical period. The scholarship in Professor He's book, accurately traces the origins of greenways in China back to cultural accomplishments and traditions starting with the Ancient Roads of the Zhou, Han and Qin dynasties. These Ancient Road networks, known in the west as the Silk Road, exemplify several fundamental attributes of greenways. The Ancient Road was foremost a linear infrastructure, on an inter-continental scale, that supported numerous functions and resources including transportation, trade, national security, and the spread of cultural knowledge, values and traditions. The book also makes important connections among diverse themes including: Greenways, traditional Chinese aesthetics, landscape painting and traditional ecological knowledge. With this foundation that convincingly links greenways with Chinese historical culture, Professor He establishes the important idea that Chinese Greenways pre-date Western Greenways and, importantly, that the

Greenways strategy is deeply rooted in Chinese culture and therefore represents a Chinese solution to China's challenges for a sustainable future.

The historical foundation of Greenways in China sets the stage for a comprehensive explanation of contemporary Greenways functions and structures. Greenways are explained as systems of protected lands that function at multiple scales along a continuum - from the national - to the provincial - to the urban - and ultimately to the neighborhood/community scale. At every scale along this continuum, Prof. He documents how greenways deliver multiple ecosystem services, explained as a functional compound strategy. This strategy builds on the seminal international scholarship on greenways theory (see Fábos, Julius Gy. and Ahern, Jack. 1995. *Greenways: the beginning of an international movement.* Elsevier.). Greenways have gained international acceptance because of the inherent strategic advantages they provide. Research has found that natural and cultural resources are not randomly distributed across landscapes, but rather, they occur in linear corridors and therefore greenway corridors include and protect a high proportion of important resources with minimal land area. In other words, greenways are spatially efficient – and in the Chinese context this is extremely relevant. Because greenways are linear features that are linked into larger networks, they capture and exploit the inherent benefits of connectivity – an essential attribute of greenways

and networks that supports transportation, hydrology, ecology, and historic/cultural resources. The final strategic advantage of greenways is the complementarity of multiple functions – in linear corridors multiple functions can be supported because many are mutually compatible and complementary. Perhaps the most important benefit of greenways' connectivity is the psychological – of linking people with nature, throughout their community. Providing this benefit has been shown to improve personal and social health. Historically, human-nature interaction was provided through large parks in cities, like Olmsted's famous Emerald Necklace in Boston, or Beijing's Olympic Forest Park. The greenway concept brings a new strategy to bear on this issue. By establishing "fingers of green" throughout neighbourhoods and communities, a physical connection is made which supports the philosophical or spiritual need for human-nature contact, in a context of updated requirements for high-quality, attractive and ecologically-valuable public urban space in China.

Professor He advances this historical and theoretical research with a useful and clear investigation of how greenways can be planned and designed to realize their multiple potentials. The functional compound strategy integrates the goals of natural landscape protection, ecological restoration and respecting and integrating traditional cultural knowledge and cultural traditions of landscape. The book then offers a Five-Step method for Chinese greenway planning and design. Here separate methods are presented for national, regional, and urban greenways, integrated with ecological protection, and regional and municipal corridors, such as abandoned railroads.

The recent Chinese history of greenways is discussed with specific references starting with the Greenway Network Master Plan in the Pearl River Delta in 2010, and the Capital Greenways Plan – among others – all completed in recent years as part of Chinese National Policies for urban development, nature protection, ecological security and protection of cultural values. These recent greenways offer diverse examples from professional practice that will be familiar to the Chinese readers of the book, and that offer timely lessons, learned from these ambitious greenway plans and designs that can inform and assist future greenway developments in China. This book provides a comprehensive theoretical guidance to vastly improve the public and professional understanding of greenways – leading to more effective implementation and post-construction management. This book arrives at the end of the first decade of contemporary Greenway planning with a timely and urgent message – Greenways are strategically crucial for China to continue on the path towards sustainable urban and regional development.

China is in the midst of an unprecedented period of urban and economic growth. The national percentage of urban population in China has recently passed 50% en route to a projected 70% by the year 2050, according to the World Bank and the China Statistical yearbook. This equates to some 300-400 million new Chinese urban residents in the next three decades – a profound statistic by any measure! The rural-to-urban migration that is causing this urbanization is driven by macro socio-economic changes as China evolves from an agricultural-based economy to a global service-and-manufacturing based economy. This unprecedented current and future urbanization will fundamentally change the entire landscape of China. It is indeed a critical time for reflection about what China is now and what it will, or could become in the future.

The great novelty of Chinese Greenways is how they derive directly from and relate to historic linear precedents including the Ancient Roads and the Grand Canal, but also how relevant and timely they are in the present time – as China continues with its unprecedented period of urban development. Now, more than ever Greenways are essential to ensure that China's current and future urban form integrates strategic greenway corridors that inherently hold the critical potential to deliver a broad suite of ecosystem services that are essential to China's future sustainability. Professor. He explains how Greenways are a distinctly Chinese tradition that has a crucial role in China's future.

绿道思想和规划理念萌芽在中国的发展源远流长。源于西周时的"周道"、秦朝的"驰道""五丈道"，以及历朝历代的官道、驿道、民道的形成和发展，对中国的区域发展和文化传播乃至中华民族的审美进程和生态文明进步起到重要作用。

在后工业社会时期，全球城市化发展的背景下，生态文明城市发展对自然生态环境的影响进一步深化，城市居民对公共空间抱有更新的需求。绿道及其网络的规划设计，是设计师在应对诸如城市生态资源缺乏、城市环境恶化、历史文脉断裂以及公共空间不足等城乡二元问题时的有效工具和手段。而国际上将绿道作为一种有效的土地保护利用模式和先进的规划理念到现在，已经历了两个多世纪的发展，绿道作为生态网络建设的重要链条，其规划研究和建设受到了各国的普遍重视。中国将《2030 年可持续发展议程》和《巴黎协定》纳入国家政策，"构建人类命运共同体，实现共赢共享"，"绿水青山就是金山银山"，"绿道是美丽中国、永续发展的局部细节"等生态文明建设理念和"中国智慧"，不仅为中国迈向未来的新文明之路指明了方向，同时也为化解世界环境危机提供了创新性示范。

绿色化革命

《管子·立政·五事》："草木植成，国之富也。"

2015 年，195 个缔约方在法国巴黎对《巴黎气候协定》这一具有历史性意义的协议达成了一致，其主要目标是将全球平均气温的升高幅度相对于工业化前的水平控制在 2℃范围内这一内容进行确定。后工业社会时期的城市发展，面临着巨大的生态环境改善、历史人文传承以及更丰富的游憩需求的多重压力，并且这种压力的来源既包括新的需求也包括既有条件的限制。全球城市化过程中，大部分城市要面对碎片化、等级消失、复合式功能分区、快速流动性等新特征。因此，全球各国家、各大城市均提出"绿色"发展理念，如纽约在《纽约2030》规划中提出建设"更加绿色的纽约"，悉尼在《可持续发展的悉尼2030远景规划》中强调了"绿色"是悉尼未来城市发展的首要主题，中国香港在《香港2030：规划远景与策略》中将优质的生活环境作为未来发展的主要方向，巴黎明确指出要打造更加绿色环保、更为持续性发展的城市。

在全球生态环境危机背景下，中国生态环境生态赤字逐步扩大。世行提交中国政府的报告《2030年的中国：建设现代、和谐、有创造力的高收入社会》里指出中国政府需要以绿色发展的模式来解决上述问题。绿色发展是指经济增长摆脱对高排放、高资源消耗和环境破坏的依赖，并在经济增长与碳排放减少、资源节约及环境改善之间形成相互促进关系的一种可持续发展方式。它不同于工业革命以来建立的过于依赖传统化石能源、高资源消耗和高污染的发展方式，是一场深刻而全面的发展理念、生产模式和消费模式的变革。

经济发展与美丽城乡

从人类文明发展曲折的历程上来看，"仓廪实而知礼节，衣食足而知荣辱"，经济的发展和文明的进步是相辅相成、互相影响的，是具有规律性的共同发展和进步趋势的。从宏观角度上来讲，两者属于共同进步和共同发展的相互关系；而在经济作用性的层面上看，文明的进步对现实的改造具有极为重要的指导作用，它是中华文化和精神的延伸及升华，对民族的凝聚和国家的发展都是永恒的财富。

20世纪80年代后期，国内贫困地区与发达地区相比好比一只"弱鸟"，而实现共同富裕的重点和难点都在于农村和贫困地区。城市化过程对自然生态环境的影响进一步深化，从而对城市对公共空间也提出了新的需求。增强生态系统的稳定性，提高城市生态环境质量，明显改善城市人居环境，在中国已经成为新时期的一项国策。另外，城市居民已不满足于在城市绿地中进行单纯的观赏或游览活动，需要更多亲近自然的机会。国内外绿道建设的探索与实践充分证明了绿道对于城市品质的提升、社会经济的发展及居民生活质量的提高均具有重要的作用和意义。绿道能够有效链接破碎生境，维护生物多样性；能够构建生态网络，引导低碳生活；能够彰显地方特色，带动经济发展；能够丰富户外体验，提升城市品质，增进城乡整体美观度。

在生态文明建设的背景下，城市开发的方式要从蔓延式、扩张式、高烈度开发向紧凑式、精明式、低冲击开发进行根本性的改变。城市生态文明的阶段目标是将城市的生态系统结构和功能复原到在受到破坏和干扰之前的自然生态状态，即"创造优良人居环境"。为了达到该目标，关键是要通过一系列措施和方法，如绿道，来恢复城市生态系统的自我调节功能，从局部的生态要素修复着手，调整土地使用和开发模式，按照合理科学的计划和措施加强清除和解决外部干扰的能力，从而促进城市生态系统和风景质量景观风貌在城市发展的过程中能够得到改善提升，并且不断趋于平衡的一种状态。

科技发展与文化大繁荣

文化与科技相辅相成、相互促进，先进文化理念是科技创新的思想源泉，科技创新是推动文化生产方式变革的有力杠杆。目前，文化与科技的交融日益广泛和深入，科技已渗透到生产、消费、文化产品创作、传播等各个层面和环节，成为文化事业与文化产业发展的重要支撑和引擎。

中华优秀传统文化的价值在于它是中华民族的文明精髓和精神延伸。通过把中华传统文化精髓的价值传播到世界文化中去，与世界文明相互交流和借鉴，共同推进人类文明的进步和发展。中华传统文化具有独特的魅力和风格，其不仅是民族性的，同时也是世界性的。世界文明和全球文化具有多样性和包容性的特征，中华民族文化作为中国文明的精髓，我们不仅要保留传统文化的内涵，同时也要与时俱进，要有创造性的改变和创新的发展，以浓厚的民族传统文化为基础，同更具现代性文化相结合，使中华文化在世界舞台上更具有独特性和必要性。

"百里不同风，千里不同俗。"我们在不断加快城乡文化一体化发展的过程中，要保护并且尊重农村所特有的风俗习惯和地域文化的差异。在发展城乡一体化的进程中，不断缩小文化差距，增强农村文化的服务总量，对社会主义新农村的建设和城乡经济一体化新格局的发展和推进具有重大的意义。

同时，中国坚持对外开放的基本国策，坚持打开国门搞建设，积极促进"一带一路"国际合作。"一带一路"对于中国的和平崛起和民族复兴是一个重要的历史机遇，"一带一路"建设自始至终涌动着文化的情怀，闪耀着中华民族优秀传统文化的光辉。

依托现有山水脉络等独特风光，让城市融入大自然；让居民望得见山、看得见水、记得住乡愁。从古道、绿道到公园城市，这是都市人的人居追求，也是蕴含着中国和世界科技发展及文化所沉淀下来的智慧。

目 录

1

绿道发展

1.1

中国绿道

1.1.1 广东绿道

改革开放以来，广东地区创造了经济发展的奇迹，成为我国城镇化水平最高、开发建设强度最大的城镇密集区域之一。特别是长期以来，建筑物决定城市的形态，而城市被当作放大的建筑来设计。加之快速的城市化，以及对城市中自然生态过程的忽视，导致城市绿色空间被大量挤占，人们的生活方式面临健康危机。因此，现代城市建设尤其是珠三角都市群的规划设计需要从生态的角度和理论去摸索。《珠江三角洲绿道网总体规划纲要》顺应历史潮流，适时走到我们这些城市规划者和决策者面前。绿道——人与自然主动平衡的方式，顺势而生，并在岭南大地轰轰烈烈地全面展开，为中国绿道规划建设探索了一条特色途径。

从 1994 年《珠江三角洲经济区城市群规划》提出的"四种用地模式"到 2009 年《珠江三角洲绿道网总体规划纲要》的"广东绿道"先行版，广东规划人经过了多年的摸索和探索，终于让专业人士的技术构想变成省委、省政府的决策。使珠三角在走向生态环境保护和经济社会发展相协调的新路子上推进了一大步。

1. 生态保护探索

先驱性的概念"四种用地模式"。1994 年广东省建设厅主持编制的《珠江三角洲经济区城市群协调发展规划》开创性地提出了"四种用地发展模式"（都会区、市镇密集区、开敞区、生态敏感区）的区域发展管理理念，期望通过不同的分区发展策略，对土地的开发强度进行不同的控制。其中，"生态敏感区"是指对珠三角总体生态环境起决定性作用的大型生态要素和生态实体，其特点是对较大的区域具有生态保护意义，一旦受到人为破坏，将很难有效恢复；也是规划用来阻隔城市无序蔓延，防止城市居住环境恶化的大片农田、果园、山丘保护区。1995 年版《珠江三角洲经济区城市群协调发展规划》希望通过"生态敏感区"的划定管制来维持区域的生态环境质量。

从指引到立法,不断地追求。"生态敏感区"的概念在实施过程中出现了难以落实的问题,各个城市对非建设用地的控制并没有强化。为此,2001年广东省建设厅编制了《区域绿地规划指引》,把城市的公共绿地外延扩大到整个区域的范围。希望通过各市城镇体系的规划对区域绿地进行划定,由此在广大的城乡地区,建成一个分布合理、相互联系、永久保持的"绿色空间"系统。与各类城市绿地一道,共同实现自然、历史、文化景观的永续利用。但是法律法规对地方的约束是问题的根源,因此,《珠江三角洲城镇群协调发展规划(2004-2020)》(以下简称《规划》)提出设立省级管制区,建议通过省人大立法监管区域绿地和生态廊道,以坚守珠江三角洲区域的自然生态"底线",维护区域自然生态的支持体系。《规划》的颁布让广东城乡规划工作者对区域生态空间的管制看到了希望。但随后的实践表明,单纯的"控制"思路,哪怕这种管制有法律地位,也是难有成效的。这些连续不断的尝试和探索,成绩与经验,为绿道思想的萌发打下了基础,也看出广东省在生态环境建设方面一直以来的重视。

思路愈来愈清晰,要由"死守"生态底线转变为在发展中保护、在保护中发展。规划建设珠三角绿道网有助于实现转变发展方式,建设宜居城乡、幸福广东的目标。2008年,广东省住房和城乡建设厅设立了珠三角绿道网规划建设的研究课题,开展了珠三角优质生活圈建设规划、绿道体系规划、区域绿道规划建设技术指引、区域绿道建设工作指引等研究工作,为绿道网建设提供理论和技术支撑。自此,广东生态保护思路由以前的"控"向现在的"融"转变,由以前的消极"死守"向现在的"在发展中保护,在保护中发展"转变,以实现生态保护与城乡建设的平衡、城乡发展与人的和谐。

2. 以技术指引为标准推进绿道建设

从2009年年初开始,编制组在深入调查研究,认真总结实践经验,参考有关国内外相关标准、指引和规范以及实际案例,并广泛吸纳各方面意见的基础上，由笔者主持编制了《珠三角区域绿道规划设计技术指引》，并于 2010 年 1 月 8 日正式对外公布试行。作为我国第一部指导绿道规划设计的技术指引性文件，是实现珠江三角洲区域绿道网实现"一年基本建成，两年全部到位，三年成熟完善"战略目标的有力保证。该指引清晰地界定了绿道的概念、组成、分类等相关技术要素，清楚地勾勒出绿道的眉眼，为珠三角地区的广大公众描绘了天蓝水青的宜居家园的蓝图，对于改善生态环境、提高居民生活品质、促进经济发展方式转变有重大意义，是广东省省委、省政府落实科学发展观，建设宜居城市、理想城市，打造幸福广东的重要举措。其规划构思、空间布置、创新与特色等相关内容如下：

规划构思：《道德经》二十五章《象元》中有"人法地，地法天，天法道，道法自然"，其中的"道"就提及"万物要自行其道，自然而然"。这就是人类最原始的自然观，也是绿道规划设计最基础的指导思想。本指引通过科学的研究

论证，对绿道的组成、分类等技术要素进行详细说明，指导规划设计单位和建设管理单位的技术人员迅速理解规划理念、原则和方法，并对设计要点、成本控制、工程施工、后期养护形成积极的指导意义。

空间布置：《珠三角区域绿道规划设计技术指引》在生态性、连通性、安全性、便捷性、可操作性和经济性六点基本原则的基础上，明确了十个组成部分；前三部分概述珠三角区域绿道规划设计技术指引提出的背景、建设的重要意义以及功能、分类和组成；第四到第十部分详细介绍区域绿道各组分系统的规划设计指导要求，有利于工作的细化和各地根据实际情况自行调节，并附图、附表，以典型、代表性的图片和表格形式直观指导区域绿道的规划建设工作。

立意定名：该指引系统全面地对绿道进行了定义定性，并针对珠三角各地的区域特色给予一定的发挥空间，不刻板规定。既实现区域绿道规划设计的百花齐放，又对核心技术要点进行统一规定，从而保障区域绿道生态功能、社会功能和经济功能的实现。绿道一般来说，大多公众对绿道的理解很多局限在慢行系统，现有为数不多的绿道相关的国内外法律、法规、指引等都对慢行道系统有针对性的规定。但是，慢行道作为绿道的有机组成，其不能代表绿道的全部，必须考虑绿道作为主题的绿色基底的规划建设保护。因此，根据国内外实践案例和国内法规，针对珠三角自然生态、历史人文资源的特点，将珠三角绿道的组成分为由自然因素所构成的绿廊系统和为满足绿道游憩功能所配建的人工系统两大部分。绿廊系统主要由地带性植物群落、水体、土壤等一定宽度的绿化缓冲区构成，是绿道控制范围的主体。人工系统包括慢行道系统、节点系统、标识系统、服务系统、基础设施。

科学分类：不同的分类方法体现的是对绿道功能的不同关注点，较高级别的绿道通常具有更强的生态功能和政策导向作用，较低级别的绿道则相对具有实施和管理、休闲的导向。因此，珠三角区域绿道从综合级别和所处位置、目标功能两个方向进行了

分类：按照综合级别的不同分为区域绿道、城市绿道和区级（社区）绿道以便于分级建设、管理，早日形成区域绿道网络；按照所处位置和目标功能则分为生态型、郊野型和城市型三类以便分类规划、设计，体现地域特色，不同类型的区域绿道满足了人们不同层次的需求：都市型区域绿道满足了人们绿色通行、改善周边居住环境的最基本需求，其绿道控制范围宽度一般不小于20m；郊野型区域绿道则为了唤起人们对郊野的记忆，恢复珠三角城市周边大多已经消失的郊野景观和生态，绿道控制范围宽度一般不小于100m；生态型区域绿道则为保护和恢复珠三角地区特有的生态系统和生物多样性服务，其绿道控制范围宽度一般不小于200m。

定量参考：无规矩不成方圆。首次对美国、加拿大、英国、意大利等绿道规划建设开展较早地区的实例进行研究概括，提炼包括绿道长度、慢行道宽度、慢行道铺装材料、坡度等大量具有实际指导意义的技术指标，从而对绿道一些核心要素进行了定量要求，以方便规划设计人员在实际中的操作，提高了指引的技术含量和可操作能力。

机动灵活：针对珠三角各地各具特色的绿道规划建设本底条件，除对一些核心要素进行了定量要求的基础上，其他技术要素不做强制性规定，各地区可因地制宜进行规划设计，留有一定自由发挥的空间，保障珠三角区域绿道规划设计的区域特色，并多采用鼓励性的词语进行描述。

3. 珠三角绿道网三级网络构建

珠三角绿道网是在珠三角自然生态格局、历史文化遗产和城乡发展状况等资源本底的基础上，对具有休闲娱乐价值的生态和人文要素进行识别，通过自行车道、步行道等人工走廊进行串联，同时配置完善的设施和多元化的功能，形成供城乡居民休闲游憩的开敞空间，是珠三角（包括广州、深圳、珠海、佛山、肇庆、东莞、惠州、中山、江门等九个城市）建设宜居城乡的重要途径。

2010 年 2 月，广东省政府批复了《珠三角绿道网总体规划纲要》，明确了绿道网规划建设的范围、依据、目标、原则、要求。同时，珠三角九个城市要按照总体规划纲要确定的原则、要求，编制本市绿道网的专项规划，将城市绿道、社区绿道与区域绿道联系起来，组成完整的绿道网。2011 年 1 月 5 日，珠三角省立绿道网全线贯通仪式在广州举行，顺利实现总长 2254km 的省立绿道投入使用。珠三角区域绿道网骨架基本成形（图 1-1）。

珠三角绿道网由区域绿道、城市绿道和社区绿道构成，有机串联郊野公园、自然保护区、风景名胜区、历史古迹等重要节点，密切联系城市与乡村的多层级的绿色网络系统。城市绿道连接区域绿道与社区绿道，联系城市主要功能组团，串联城市中重要的

图 1-1　珠三角区域绿道网空间布局图

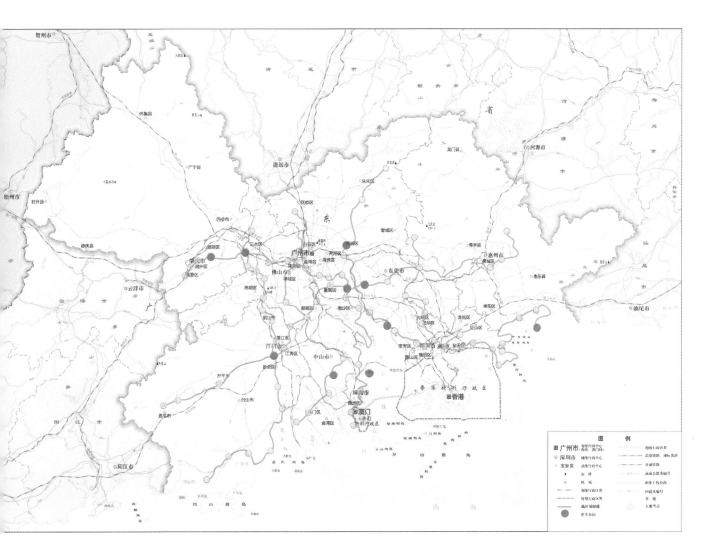

公园、广场、水岸等公共开敞空间与公共设施，并承担城市组团间的游览联系、绿化隔离、慢行交通等功能。相对于区域和社区绿道，城市绿道承担了更多城市居民快乐工作出行的需求，实现了城市居民从生活地到工作地和不同工作地转换之间的交通链接。城市绿道规划在区域绿道基础上，结合城市的空间形态，选取城市内最有代表性的森林公园、文化遗迹、传统街区、滨水空间等自然、人文节点以及城市功能组团进行有机串联，并与城市慢行系统、相邻城市的区域及城市绿道同步对接，形成疏密有致、布局均衡的城市绿道网络布局。社区绿道网的规划建设与城市、分区游憩系统结合设置，连接城市主要社区片区的绿地、广场、水岸等公共开敞空间与公共设施，承担社区居民近距离游憩休闲的服务功能、绿化隔离功能和社区慢行交通等功能，使社区居民与游人能够就近进入绿道，同时便捷地接驳上层次绿道与外部交通体系和游憩体系。实现步行5～10分钟进入社区级绿道的规划目标。

目前珠三角绿道已融合生态、环保、教育和休闲等多种功能，形成安居、康居、乐居的绿道体系。

安居绿道——贯通珠三角：珠三角绿道网是由省立绿道、城市绿道和区级社区绿道三级组成相互贯通的绿道网络系统。6条主线总长约1690km，直接服务人口2565万人，针对珠三角地区的广州、深圳、珠海、佛山、江门、东莞、中山、惠州、肇庆九大城市，进行城市之间的绿地贯通，形成多层次、多功能、立体化、复合型、网络式的珠三角"区域绿网"，6条区域绿道主线贯通珠三角三大都市区，实现了珠三角城市与城市、城市与市郊、市郊与农村的连接。通过绿道来解决城镇密集地区的绿地普遍缺乏问题，形成集生态保护与生活休闲一体化的区域绿道网，一方面可避免生态保育用地被蚕食，起到有效控制城市蔓延、缓解城市热岛效应的作用，提高城市的宜居性；另一方面均衡社会资源，实现了公共资源的公平享用，创建了公共资源空间的"均好"分享方式。

康居绿道——生态化建设："康居"即享有清洁的生活生产环境和较完善的公共服务，舒适便利。珠三角绿道网规划建设在一个区域健康环境营造方面有着无可替代的作用。绿道网规划设计中，尽可能采用各种绿色技术和生态建设方式，体现绿色材料、高新科技、人文关怀，尽可能地实现节能减排，实现低碳化，甚至零碳排放，构建自然和谐、民生幸福的生态文明型区域绿道网，使废弃材料在绿道景观中得以重生（图1-2）。诸如利用废旧公共汽车和集装箱建造房屋，利用废旧枕木制作标识系统，利用废玻璃造景等，最大限度减少绿道建设和后期维护中的碳排放，使绿道成为真正的生态之道，实现人与自然共同演进、和谐发展、共生共荣。珠三角区域绿道多处于山林农田、陆地水域的生态交错带，是地区景观多样性和物种多样性最为丰富的地带。绿道与自然的依存，确保了其长期健康稳定的存在（图1-3）。绿道直接冲击人们的传统生活方式和理念，倡导公共交通和电瓶车、自行车等低碳或无碳通行方式，更利于人体健康、保护能源，保护绿地的原生态、生物多样性、自然资源，是实现低碳城市和低碳经济

图 1-2　珠三角绿道网中的绿色低碳出行意向

图 1-3　珠三角绿道网中的健康生活意向

的必然选择。而绿道多方向的连续性保证了动物运动迁徙的可能，接连的树冠、隧道、绿桥、穿越建筑物的绿廊，野生动物可以"想动就动"。处在高压现代生活中的人们，同样可以在绿道中"想动就动"，放松身心。

乐居绿道——特色共建：珠三角规划 6 条区域绿道从布局选线到功能活动都各具特色。每一条绿道都在自然、生态、人文方面充满了对受众的吸引力，更是以较强的可进入性为大众所使用。各条绿道都串联了现有的水体甚至是风景名胜区、旅游度假区、户外运动中心、城市公园、郊野公园、农业生态园、植物园、自然保护区、遗产地及历史文物古迹等，这可以充分利用现有的基础设施和宣传平台推广绿道的使用和建设，同时更好地连接和拓展，实现绿道人文生态价值的面状拓展和层级提升。2000 多公里的绿道网蜿蜒伸入珠三角的每一座城市和广大乡村，将珠三角独特的自然和人文景观串联起来。各具特色的绿道将成为每一个城市充满魅力的名片，配套完善的绿道将成为每一个城市新的经济增长点和旅游热点，贯通一体的绿道使珠三角成为一个其乐融融的大家庭。

绿道网的建成给珠三角大都市区增添了一道新的风景。2012年时任住房和城乡建设部仇保兴副部长为广东省住房和城乡建设厅及珠三角 9 市颁发全国人居环境建设领域的最高荣誉奖项——"2011 年度中国人居环境范例奖"。另外珠三角绿道网规划建设项目获联合国人居署"2012 年迪拜国际改善居住环境最佳范例奖"全球百佳范例称号、2012 年中国人居环境范例奖、2012 年全国优秀城乡规划设计奖一等奖、2013 年两岸四地建筑设计大奖卓越奖。

2010 年 3 月 18 日，由广东省住房和城乡建设厅主办的首次绿道规划建设专题讲座在广东大厦顺利举行。会议指出珠三角绿道网建设利国利民的大事，可以解决珠三角结构性生态廊道保护体系缺失的问题，满足城乡日益增长的亲近自然的需求，为进一步扩内需促增长，转变发展模式提供新载体，为推动珠三角生态保护和生活休闲一体化及城乡建设奠定基础；同时绿道建设在我国是一个新命题，时间紧、任务重，要求与会人员认真学习。笔者作为会议的主要策划人和演讲者，与张少康、马向明两位专家，对广东省规划设计师和管理者做了专题讲座。以"探索中国绿道的规划建设途径"为题，通过回顾总结中国绿道建设的思想和历史，结合国外绿道建设实践案例，精彩而又生动地对珠三角绿道规划理念和思路、规划设计技术层面的融合、绿色低碳技术的利用等多方面的内容做了阐述，并对绿道建设中重点关注的绿道规划设计技术指引、景观和生物多样性、慢行道系统、绿道中的景观设施、绿道标示系统等进行了深入的剖析。丰富多彩的讲解、系统的梳理、新颖的视角，对规划建设者们进行了技术培训，并为今后的绿道建设打开了思路。

同时 2010 年第 2 期《风景园林》杂志首次刊登了"珠三角区域绿道"专题，后续又多次刊登绿道专刊及专栏，成为中国大陆绿道学术论坛交流的主要刊物。

4. 广东省绿道网建设全面铺开

2011 年 1 月，《广东省国民经济和社会发展第十二个五年规划纲要》提出："以珠三角绿道网为依托，逐步构建全省互联互通的绿道网"。2011 年 2 月，广东省人民政府印发《广东省绿道网建设 2011 年工作要点的通知》中提出"谋划全局，推动绿道网建设逐步向全省延伸"，组织编制《广东省绿道网总体规划纲要》，明确广东省绿道网规划建设的原则和要求，构建全省绿道网主干框架；指导粤东西北地区开展绿道网规划建设工作。广东粤东、西、北地区 4 倍于珠三角的土地面积，2 倍于珠三角的人口数量，经济发展水平、发展阶段皆有不同，但是绿道网向全省的覆盖具有重要的意义与作用，但是其建设思路与做法应有不同之处。

广东全省的省立绿道网规划和珠三角绿道网相比较有延续也有更进一步思考和创新。规划延续了珠三角绿道网根据资源要素分布情况，考虑政策要素的影响，充分运用 GIS 技术对绿道网选线进行适宜性分析，并运用 RS 技术、GIS 技术和 GPS 技术准确测定绿道范围、树种结构和生长情况。绿道尽量靠近河流、溪谷、山体等自然要素，并串联具有代表性的历史聚落、传统街区和文化遗迹等人文要素，并且靠近城镇居民点，方便居民使用。作为

大尺度绿道网规划建设，广东省绿道网应综合考虑全省经济发展水平、生态资源环境和人口分布等方面差异，因地制宜地谋求广东省绿道网特色发展之路，并创造性地形成以下建设思路：

生态保护与培育优先的绿道生态格局。在绿道大尺度区域生态建设方面，除了引入人工的保护措施，更重要的是维护和营造自然原生态的环境，一方面能够降低运营成本，另一方面也促进了区域自然环境的可持续发展。维持更稳定的区域原生态环境、营造更完整的区域。广东省绿道网建设注重利用原生态的建设手段，加强对生物空间系统的保护，具体措施有：①在珠三角外围绿道串联的自然条件较好的地区，放生与播撒当地野生动植物，同时尽可能少地进行人工干预，在整个大尺度区域内维护可持续的生物循环系统。②在韶关、河源等上游地区，通过建设沿河、湖泊、水库等水系绿道，引入更多的社会关注，普及水资源和珍稀动植物的保护意识，同时吸引更多的资金，采用更先进的技术提高对"种源地"

的保护。对于经济发展水平较高、人口密度相对较大的珠三角地区而言，绿道网的建设是在总体战略框架的指导下，采取"同步开展、多头并进"的工作模式推进，最终建成以线形廊道为主导的高密度、广覆盖的绿道网络（图1-4）。对于经济发展水平相对落后、人口分布不均匀的粤东西北地区而言，强调优先建设重点城镇、区域绿地以及人文景区等核心区域内部绿道系统，其次建设核心区域之间的连接廊道，以点带面推动绿道建设，最终建成以线形廊道为主，"踏脚石廊道"为辅，空间布局疏密有致的绿道网络。

在功能开发方面，展现大尺度的地域景观特征和文化特征、构建大区域的绿道游线系统。广东省绿道网功能的充分发挥有赖于对资源点的广度覆盖，以及地域特色的完整呈现，其中针对珠三角这种资源点分布密集地区，已经提出了许多模式与理念；对珠三角外围地区而言，因区域面积较大、资源分布较分散、生态环境更为敏感等特点，需要构建一种新的绿道功能布局结构以及更加有地域特色的开发方式。

在通达性方面，与各层次交通系统进行紧密衔接。广东省绿道网的建设综合考虑全省经济发展水平、交通网络设施水平等方面差异，注重与各种交通线路和交通方式进行有效衔接。珠三角以外的广东省其他地区，交通建设水平相对较为落后，更多地考虑通过高速公路收费站/服务区与区域公路网相衔接，利用高速公路大量的客流，争取其他城市和地区的旅客使用绿道；通过与城市常规公交系统和慢行系统的衔接，提高绿道的通达性，优化城市的出行环境，提高城市的吸引力。

在设施配置方面，以去人工化和去奢求简的原则布设。广东省绿道网建设宜结合其人口分布不均匀的特点，以不同的方式建设绿道配套设施。在人口密度较高的城镇地区，绿道设施应以服务当地城乡居民为目标，参照珠三角地区绿道配套设施标准，以便利性的原则，建设人性化的配套设施。在人口密度较低的生态地区，应遵循生态化的原则，以满足游人的基本需求为目的，尽量减少人工设施的布置。

从珠三角绿道拓展至全省的绿道网规划，可以看作是一个从实施意义向全面意义转变的重大行动。珠三角作为改革开放的先行者与经济发展的领先地区，绿道在珠三角的全面开展就是绿道与实际需求、地方发展与建设实力的合理契合，而拓展至全省外围生态保护屏障地区更是进一步实现区域统筹与生态意义。

从20世纪90年代的"生态敏感区"到今天的"绿道"，从珠三角到广东省其演变的历程真实地记录了广东省在生态保护方面的探索轨迹。区域绿道网构想的提出，是在珠三角转型发展的这个结合点上，实现区域生态环境保护思路有单纯的"控"向"融"的转变，即从以前的划线死守的"防守式保护"向现在的"积极式保护"转变：绿道网建设在注重对绿地保护的同时，增加了绿地的可达性和可参与性，为城乡居民提供宜人的休憩环境。人们顺着绿道从城市石质森林中走出来，投入大自然的美丽怀抱，必将更加热爱这片山水喜爱这片土地。让公众在使用中热爱自然，在热爱中监督和

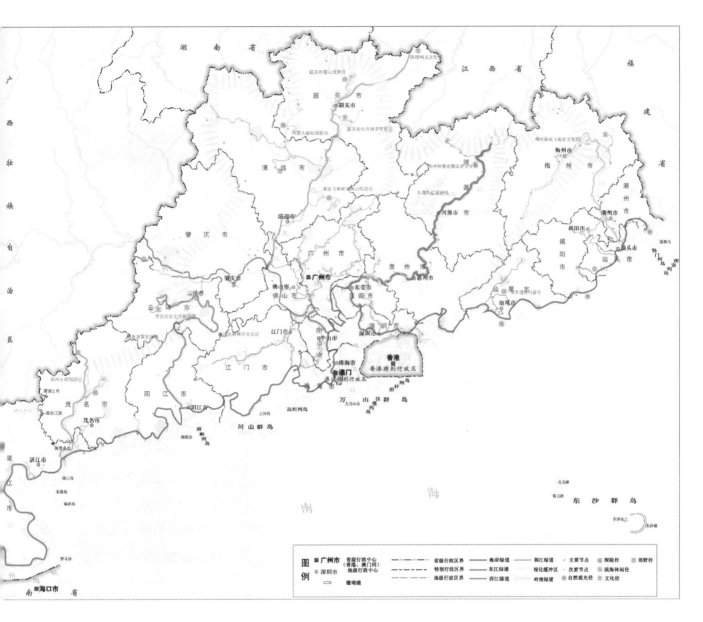

图 1-4　广东绿道网空间布局总图

保护自然。从而实现生态保护与城乡发展的平衡。广东省绿道网的全覆盖目标是至 2013 年，珠三角地区各城市省立绿道网进一步优化完善，规范管理；粤东西北地区按各市要求在城市外围地区建设总长 970km 的省立绿道主题游径。2020 年，各市将建成融交通出行和休闲体验于一体的城市慢行网络；不断完善全省生态廊道建设、形成多功能、网络化的区域生态支持系统，同时绿道成为实现民生、生态、环境、经济等四大工程于一身的重要作用。

5. 南粤古驿道广东绿道新扩展形式

在 2013 年，广东省政府确立由生态控制线的划定来推动区域生态安全格局构建后，通过省域绿道网来推进区域生态网络的构建在政策上已失去紧迫性，珠三角之外的绿道建设陷入不温不火的状况。然而，2015年南粤古驿道活化利用的提出，却意外地改变了这种局面。南粤古驿道是广东省古官道和民间古道的统称。由于地处岭南，广东省历史上与中原地区的军事、经济和文化联系集中呈现在古驿道上，其遗存形成了一条一条的线形文化遗址。早在2010年，笔者曾在《探索中国绿道的规划建设途径》一文中提到，在广东省北部的连州，有一条"此路一开，中原之声近矣，然后五岭以南人才出矣，财货通矣，遐陬之民俗变矣"的岭南第一古道—南天门秦汉古道（图1-5）。古道宽约3m，在山岩上一级级开凿出来，从山下到山上共有8800多级，这就是秦汉时期沟通五岭南北的第一条古道。文章正面阐述了南粤古道，通过古道探索中国绿道的建设途径，为南粤古驿道的规划建设打下了基础。

南粤古驿道作为广东省绿道的新扩展形式，古道活化成历史文化型绿道，与都市型、郊野型、生态型绿道并列成为第四种类型的绿道（图1-6）。

南粤古驿道以线形文化线路为主要特征通过历史研究、设计、施工以及与项目组织者的交流，总结出古驿道本体修复的技术方法。乳源瑶族自治县找到了用波斯菊再现古驿道气场的办法。南雄市对古驿道慢行径的组织形式进行了探索：沿着古驿道线形文化遗产廊道布局两条特性不同的游径——严格尊重历史的古驿道遗存修复的历史文化体验径和新建的户外运动休闲径，二者一静一动分别满足不同的需求，游人穿行其间可以获得自然和人文的双重体验（图1-7）。

6.广东省水岸公园规划研究和广东万里碧道规划理念和设计实践

珠三角地区水网发达，但滨水空间普遍存在堤岸硬化、水体黑臭、生态效益差等问题，制约水岸地区人居环境的进一步提升。自2016年开始，由笔者带领的研究团队，在广东省住房和城乡

图1-5　连州古道

图1-6　南粤古驿道历史演变图

图1-7　南粤古驿道空间结构规划图

建设厅蔡瀛等和国务院发展研究中心苏杨等研究员的参与下，推动《珠三角水岸公园体系规划研究》的编制。该研究提出推动珠三角水岸公园体系建设具有重大的现实意义和可行性。第一，水岸公园建设是推动绿道网升级、重塑岭南水乡风貌和建设宜居环境的有效途径。第二，水岸公园建设是实施生态修复、构建大区域"海绵体"和衔接国家公园体制的创新举措。第三，水岸公园建设是有效拉动投资和促进消费，实践以人为本新型城镇化理念的重要手段。第四，珠三角岸线丰富，传统堤围的建设为水岸公园建设提供了空间载体。第五，珠三角各市积极性较高，水岸公园建设已有一定基础。第六，珠三角绿道网与水岸公园相辅相成，珠三角绿道网亲水性显著，且绿道网建设初步串联形成保护地网络，其建设管理模式可以复制。《珠三角水岸公园体系规划研究》中提出水岸公园选址、水岸公园体系规划、生态修复与海绵体建设、堤防与堤岸空间改造、本土动植物栖息地保护建设、特色风貌与水景观营造等规划建设途径。制定行动计划，明确各地水岸公园的建设任务和要求。试点引路，以点带面推动水岸公园体系建设（图1-8）。

2018年6月广东再创新举，提出加强公共慢行系统建设，整治河道水网，建设水碧岸美的万里"碧道"，与陆上"绿道"并行成为人民美好生活去处。碧道是以江河湖水域及岸边带为载体的公共开敞空间。通过推进水环境与安全治理，打造生物栖息地和公共休闲场所，统筹山水林田湖草，促进水、岸、城、乡联动提升，形成碧水清流的生态廊道、人水和谐的共享廊道、水陆联动的发展廊道。建设万里碧道是广东贯彻习近平生态文明思想，推动河长制湖长制从"有名"走向"有实"的重要抓手。2019年8月笔者和水利部原副部长矫勇、中国工程院院士王浩等被聘请为"广东万里碧道专家委员会"专家，为《广东万里碧道建设总体规划纲要（征求意见稿）》建言献策。广东碧道建设在全国有示范引领作用，碧道作为水陆两栖提升建设和生态文明的重要步伐，对推进河湖、景观和生态提升有重大的价值和意义（图1-9）。

2012年4月27日，首期"广东绿道讲坛"在北京召开，国

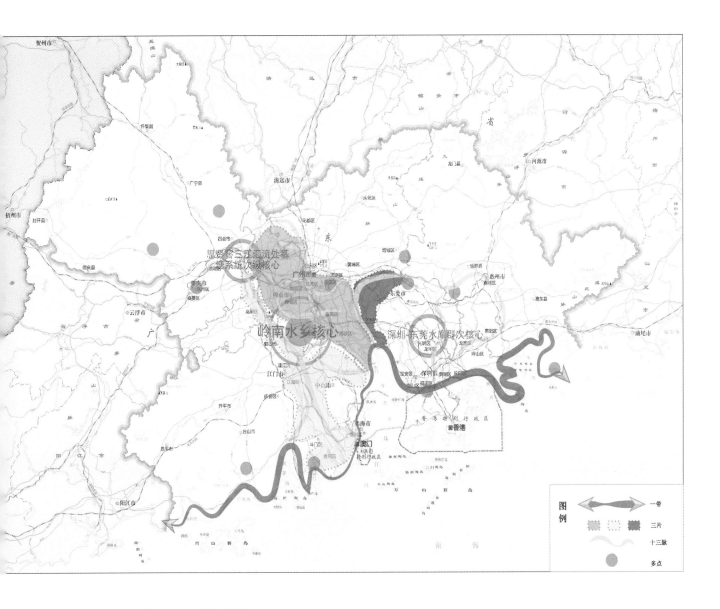

图 1-8　珠三角水岸公园体系规划结构图

际著名绿道专家马克·林德胡尔特（Mark S.Lindhult）教授和雅克·博德里（Jacques Baudry）教授受邀参与论坛并作主题报告，随后赴广东深圳进行绿道考察，在参观深圳二线关等绿道后对深圳绿道网建设成就大加赞赏，将其称赞为"非凡和卓越的"。习近平同志在考察广东后指出"遍布广东各地的绿道，都是美丽中国、永续发展的局部细节"。

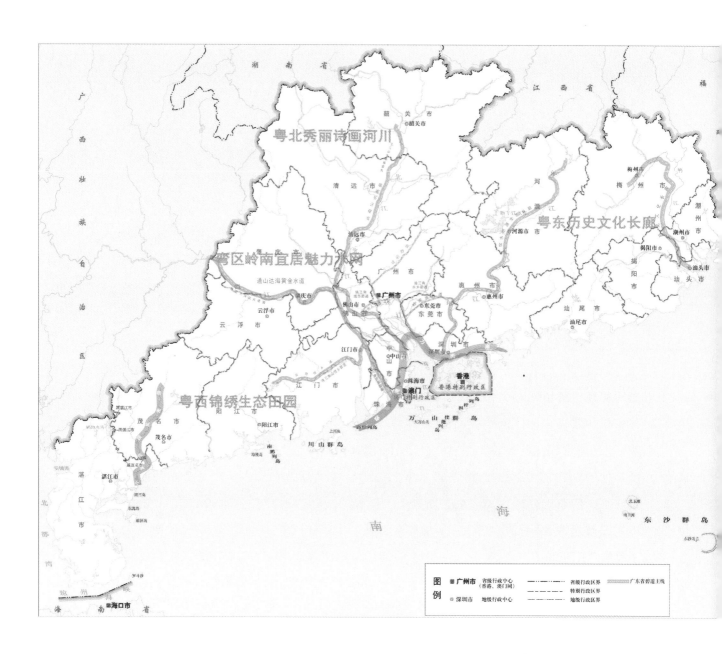

图 1-9 广东万里碧道建设功能结构图

1.1.2 全国绿道

　　十多年来，中国绿道规划实践成果丰硕，从珠三角推向四川成都，推向广东，走向了全国。同时，绿道所带来的生态效益、文化效益、社会效益、经济效益等，都得到了广泛的认可。据不完全统计，自 2010 年广东省首次提出《珠三角区域绿道总体规划纲要》以来，全国有 34 个省、直辖市、自治区共 277 个城市建立了绿道或公开提出绿道发展政策。2016 年住房和城乡建设部发布

《绿道规划设计导则》，标志着绿道正在逐渐成为国家生态文明建设和美丽中国建设的重要抓手和手段。从绿道发展与实践来看，中国绿道规划设计与实践的成绩斐然。这些实践中，如珠三角绿道、成都天府绿道、北京三山五园绿道等，彰显了中国特色，达到了先进水平，很好地展现了其生态保护功能、休闲游憩功能、环境改善功能等绿道的多功能、多效益特性。

2012 年，是珠江三角洲绿道网实现"三年成熟完善"任务目标的收官之年，也是推动珠江三角洲绿道网向东西北地区延伸的开局之年。在住建部指导下，广东省住建厅和深圳市人民政府联合，在北京举办了首届"广东绿道讲坛"，围绕"绿道功能综合开发"的主题，通过主旨报告、专家解析、互动交流等方式，与来自全国各地的 200 多位城乡建设者和管理者共同分享绿道建设的成功经验，共谋绿道可持续发展之路。时任住房和城乡建设部副部长仇保兴在会上提到，"我们讲区域规划，城镇体系规划必须有四个功能，即'环境共保，资源共享，支柱产业共树，基

础设施共建'。过去，区域规划没有实施载体。但现在，我们有了，这就是绿道网"。

2015 年，广东省住房和城乡建设厅和深圳市人民政府再次联合，在深圳举办以"从绿道网迈向省域公园体系"为主题的第二期广东绿道讲坛，来自美国、英国和我国北京、上海、香港等国内外的著名专家以及珠三角各市人民政府、省直有关部门、各地级以上市绿道主管部门、规划设计单位、科研院校、行业协会的领导和代表 300 余人汇聚一堂，共同研讨关于绿色基础设施、国家公园、郊野公园、社区体育公园等绿道升级工作的理念和经验，共谋推动绿道升级的长远之计。

就全国绿道实践来看，成都绿道实践步伐紧随珠三角。2009 年底，成都市确立了建设"世界现代田园城市"的定位。绿道的规划就是在"世界现代田园城市"政策背景下，依据《"世界现代田园城市"规划纲要》《"世界现代田园城市"示范线总体控制要求》等相关文件编制的。成都是我国统筹城乡综合配套改革试验区，"现代田园城市"建设的落脚点仍然在城乡关系上，是在 6 年城乡一体化的基础上对城市发展定位的全面升级。因此成都的绿道建设有着深远的城乡统筹溯源，可以说考虑城乡关系是绿道规划的主要思路之一。成都市绿道网规划有两级，Ⅰ级为市域绿道，Ⅱ级是县（市）绿道，目前Ⅰ级绿道渐成网络而县（市）级基本上处在自发发展的阶段。

目前国内绿道的规划建设在宏观和微观两级内容上还有很多拓展空间。宏观指区域、省域绿道布局规划的空缺；微观指社区级绿道还在起步阶段。从现有绿道规划建设基础向宏观、微观两级发展并非没有可能，但有赖于对绿道规划部门架构的重新整合和组织。向微观发展，深化现有的概念性规划，能够鼓励绿色交通方式，对人居环境建设具有深远的意义。向宏观发展，在现有地方绿道规划的基础上编制省域、区域绿道规划，可能为绿道规划提供一种从自上而下与自下而上两种途径相结合的规划思路。

时至今日，绿道越来越受到高度重视，中共中央、国务院印发《关于进一步加强城市规划建设管理工作的若干意见》中提出优化城市绿地布局、构建绿道系统、实现城市内外绿地连接贯通，将生态要素引入市区;《全国城市市政基础设施建设"十三五"规划》

提出将绿道建设作为一项重点工程,到 2020 年新增绿道 2 万 km
的目标。中国绿道建设方兴未艾,截至 2018 年底,全国共建设绿
道超过 5.3 万 km,其中 2018 年就新增绿道 1.4 万 km 以上。

现代绿道建设,自 20 世纪 80 年代以来,在美国、欧洲、南
美洲、大洋洲、亚洲等地逐渐兴起,并进行了大量实践,绿道逐
渐成为国际研究热点。

国际绿道强调区域和国家尺度的战略联系。通过重要文化特
征的演绎、生态功能的保护与改善以及提供休闲娱乐空间,典型
的地域特色在绿道中得以体现。成功的绿道是多用途的,并能解
决多尺度上空间利用问题;景观中关键点如生态资源、文化资源
或是休闲娱乐资源都可以被绿道网络有机联系起来。绿道网络具
有维护生态过程和生态系统完整性,发挥生态系统服务价值的作
用。它将自然保护、文化与自然遗产保护、乡土遗产保护和旅游
与休闲产业发展的联系和布局进行整合。

国际绿道理论更贴近风景园林(Landscape Architecture)内
涵。从国际绿道发展历程来看,城市公园通过绿道连接成公园系统,
让城市成为一个大公园,与中国风景园林的"大地景园"思想不
谋而合。中国风景园林追溯其本源,对自然山水审美和生态环境
的需求一致,最终汇集为风景园林这一门学科。

国际绿道真实恰当阐述了开放空间的核心价值。

绿道通过串联各种开放空间,包括建筑内外、城市内外,并
连接各类用地和生态空间。绿道建设成功的关键在于能否满足多
样化的公众需求,是否有利于促进人与自然关系、公平正义等社
会普遍价值观的形成,这也是绿道公众价值观的目的。

1.2

国际绿道

1.2.1 欧洲绿道

1.欧洲绿道的缘起

从绿道的发展历程来看，绿道最初是作为提供游憩和通行功能的人行通廊而存在的。19世纪中期欧洲工业革命之后，欧洲的城市风貌发生了很大的改变，除了建成大量的环状街道，一些带有突出景观特点的林荫大道的设计和建设也开始被各级政府和相关机构重视起来。在这些建成的林荫大道中，1858年修建的香榭丽舍大道是典型代表。欧洲经历诸多环境影响，其绿道实践偏重于动植物栖息地的保护，尤其强调了生物多样性的保护与维持。

2.欧洲绿道发展动态

多年来，人类工业化对自然的负面影响一直在加剧。为了减轻这些负面影响，区域层面的自然生态保护理念和物种保护理念得到了很大发展。但是事与愿违，大多数的这些想法来自自然保护者的好意，大量的土地使用，特别是农业产业化，导致了土地使用结构的破坏，一些基础设施的建设，尤其是大城市地区的交通枢纽、市政设施的建设，让本来自然的地区受到严重破坏，动植物赖以生存的栖息地逐渐消失，导致了物种加速灭亡。

20世纪90年代后，以保护、恢复关键生境，增强保护景观网络连通性的欧洲生态网组织（The European Ecological Network，EECONET，NATURA 2000）成立。欧洲普及了生物生态型和生态稳固型两种绿道，绿道思想和方法得到传播。琼曼（R.H.G.Jongman）在研究欧洲生态网络和绿道时，曾提到欧洲国家普遍所认为的"生态网络"实际上有时也被称为"绿道"。但欧洲绿道建设的内容和重点，除了满足一些基本社会功能和景观需求之外，还考虑了如何保证物种多样性和生态栖息地的连续性。

托科利尼（Alessandro Toccolini）等在对意大利绿道规划兰

布罗河谷绿道系统的研究中表示，历史路线（例如古老的乡村道路、废弃的铁路）可以帮助创建高效益的绿色道路网络，并为旧的基础设施开发出新的功能。该研究同时还提到大量的公众会议是确保一个规划能够优先解决当地居民需求的关键。越来越多的绿道规划开始注意到线路历史文化价值的利用，并且着重于对历史和文化背景的理解。

欧洲的风景园林师大多具备如水文学、气候学、地形学等相关地理知识。东欧受到地理学、群落生态学等影响，又因当时经济条件的制约，追求规模巨大的集体农业景观，但是形式较为单一，功能也不丰富，多样性较差。融合林业、旅游业、农业是欧洲绿道规划建设、实施的重要目标。物种和栖息地的保护同样受到重视。欧洲将生物地图的制作和管理进行了深度开发，对生物空间的数字化也越发精确。德国和奥地利结合生物空间地图的应用，开展相关工作。荷兰在实施生态回廊战略。英国不用"绿道"这个词，称之为"公共小道"。

3. 欧洲绿道的发展历程

（1）早期的绿道雏形：林荫大道思想

在只注重皇宫和轴线建设的封建社会背景下，城市内部的基础设施匮乏，生活环境极其恶劣。霍乱大流行后，巴黎开始反思城市建设，在豪斯曼（Baron Haussmann）的带领下，巴黎市区开始了一系列城市改造。

英国的城市建设工作为巴黎城市改造提供了样板，以巴黎的现状为出发点，豪斯曼将工作重点放在了游憩和具有休闲功能的公园，这样文塞纳林苑、布落尼林苑两个森林公园建成了。同时豪斯曼还结合城市轴线，修建了大量的林荫道，林荫道主要的功能就是景观修饰、展现城市形象，但是还兼具了游憩的功能。林荫大道两旁种植大量的行道树。如现在的福煦大街和1858年修建的香榭丽舍大街都是这个时期城市改建的范例，对后来城市建设、改造、提升有重要影响，也为现代化的城市建设进行了铺垫。

（2）霍华德田园城市思想：为绿道网络规划纳入城市规划提供了方法和理念借鉴

《田园城市》由英国人霍华德（Ebenezer Howard）所著，其中最为重要的是提出了城市和乡村结合的理想城市模式。该理论认为，新建园林城市群应保持一定规模，用绿化将郊区城市与郊区中心城市隔离开来。这座城市由 6 条林荫大道划分为 6 个相等的部分，通过农业绿化带阻止城市盲目扩张。乡村特色绿色的廊道连接城市和中心城区，绿道的连通功能由此起源。

（3）绿带政策与绿道建设

英国的雷蒙德得·昂温（Raymond Unwin）爵士是将绿道与城市发展结合起来的第一人。1929 年他在大伦敦规划中创造性地提出了"绿色腰带"，这条"腰带"建立在城市外围，能让人们更便利地接近自然。随后，英国政府支持了他的思想，并进行了相关立法——"绿环法"。该法律促进伦敦建成了世界第一个城市绿环。继昂温爵士的绿环后，绿道也随之产生，促进了城市公园与外围绿地的联系。

20 世纪，绿道成为城市开放空间的一部分，阿伯克伦比（Sir Leslie Patrick Abercrombie）在 1944 年编制完成了大伦敦规划（Greater London Plan 1944），目的是把工业和 100 余万人疏散到伦敦外围，并由内向外设置了 4 个圈层，限制城市无序蔓延。受到英国伦敦的影响，其他地区也开始进行绿带建设。到 2010 年，英国通过绿带的建设及相关管理政策，已形成 1639560hm² 的绿带，占国土面积的 13%。

（4）汤姆·特纳（Tom Turner）的绿道理论

绿道是一条从环境角度被认为是好的道路。这是伦敦格林尼治大学建筑与工程学院的汤姆·特纳教授于 1995 年对绿道作的定义。这条路不一定为人类服务，它不一定都有植物，但它必须对环境有利。特纳教授认为"绿带"（greenbelt）和"公园道"（parkway）是绿道最主要的来源。另外在实质内涵上还有更多更早的来源，如古埃及的礼仪性大道，巴黎的林荫大道，美国的公园道、滨河公园道、公园带、公园系统、绿带、绿色小径等。

（5）欧洲文化线路理论与实践

起源于欧洲委员会的"欧洲委员会文化线路"（Cultural Routes of the Council of Europe）计划，围绕某个主题、穿越若干国家或地区，能典型地体现欧洲的历史、艺术和社会特征。

"文化线路是一项遗产框架，具有教育、文化和旅游的特征，能够有效地促进历史文化、旅游线路的发展，理解共同欧洲价值观。"经过 40 多年的理论探索和实践，"欧洲文化之路"已经建立了相当成熟的一套体系，这套体系在标准制定、管理、资金和对外合作方面都有很好的诠释。

1987-1998 年的试验阶段，以"圣地亚哥·德孔波斯特拉（Santiago de Compostela）朝圣之路"文化线路为标志。1998-2010 年的发展阶段，已有超过 2000 余个相关组织参与到计划当中。2010 年至今仍在扩大局部协定。如以种植业为核心的"橄榄树之路""葡萄种植园之路"，以特定艺术风格为核心的"罗马风之路"等。

每一条已认定的文化线路都有门户网站。可以方便地找到相关旅游信息和各类丰富的体验项目。在圣奥拉夫之路（The Route

of Saint Olav Ways）的门户网站，可以查到特色路段的自助旅游项目，如"穿过特利西尔自治市（Trysil）的徒步之行"，随河流一起体深度体验森林乐趣（图1-10）等。

"欧洲文化线路"能够有效推动如文化游、体验游等，促进当地经济发展，同时还能够开发新的旅游产品。一个事实也证明了文化线路的价值，在全球经济衰退时期，当地的经济发展与文化遗产的保护修缮密不可分，提升了欧洲的经济效益。它使相关利益人共同参与其中。

（6）《泛欧景观生态多样性战略》：欧洲建设绿道的基础性框架

1996年欧洲各国共同制定了《泛欧景观生态多样性战略》，该战略制定了绿道协调与合作的一个基础性框架。同时该战略的制定，标志着东欧、西欧和中欧在绿道相关的合作与协调中达到了一个全新的高度。

（7）欧洲绿道联合会（European Greenways Association，EGWA）对绿道的定义

欧洲绿道联合会EGWA于2000年对绿道作了界定，包含非机动车的运输线路、必要的日常往返交通线路、特殊位置被恢复的交通线路。其定义更多地指向了绿色交通线路，但其实历史上欧洲的绿道内涵要更加丰富。

（8）欧洲各国绿道特色

欧洲绿道网络是尽可能通过网络实施生态保育，同时，融合农业、林业和旅游业；重视对生物空间系统的保护，最主要的是生物空间地图的制作和管理。欧洲各个国家的绿道均有自己的特色。

英国："绿链"是英国人对绿道创造性地称呼。主要有以下几个特点：首先控制城市无序蔓延；连接相邻的开敞空间；通过一些高密度的绿化美化措施，增加开放空间的品质与可进入性。综上，"绿链"对伦敦的自然生态、游憩都相当重要，伦敦在可能的地域均有实施。

德国：德国的绿道以鲁尔区为代表，其目的非常明确，致力于工业区的改造，提高空气质量、提供游憩休闲功能。通过实施绿道项目，成功地把脏乱差的老旧工业区打造为宜居城区的典范，

图 1-10　圣奥拉夫之路

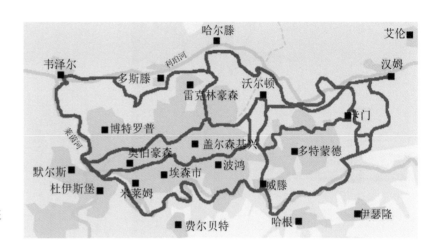

图 1-11 德国鲁尔区绿道系统
总图

提高了区域价值。鲁尔区成功整合了 17 个县市的绿道,通过立法
的手段,保障了跨区域绿道的实施(图 1-11)。

法国:公园和公共花园不再是法国城市绿道的单一形式,其范
围已扩大到农业、林业和自然区。"特拉梅韦尔特"的概念建立了
一个非严格的绿化带和绿色基础设施,以开放的城市空间网络形
式,将城市融入这个网络。同时,依法必须在区域层面实施生态
网络,并纳入当地土地规划和景观设计的考虑。法国人热衷跑步
和骑车,故绿道在设计时做了专门考虑。滨海城市沿着海岸修建
的绿道宽至 10m,中间以白线分开:一半路面供跑步或散步,另
一半则供骑车,两者各司其职,互不干扰。在繁华的巴黎,所有
名胜都由密密的绿道串在一起,于奢华中又透着几分田园风味。
法国的城市绿道大多不以水泥或瓷砖铺就,替代物是一种细沙,
晴天不会尘土飞扬,雨天又不会潮湿泥泞。法国最负盛名的绿道
首推位于法国中西部地区的卢瓦尔河自行车绿道,全长近 800km,
横跨法国卢瓦尔大区和中央大区 2 个行政大区、6 个行政省、8 个
大中城市以及 1 个地区级自然公园,沿途设有 14 个自行车租赁和
维修服务点,15 个餐饮住宿点。

荷兰:欧洲被公认为拥有世上最好的自行车城市,而它们中的
大多数又都在荷兰。荷兰是世界上自行车交通系统最完善的国家。
它拥有一个世界上最密的自行车交通网,全长 2.2 万 km,此长度
是其高速公路长度的 10 倍。自行车路网遍布全国,骑车人可以在

通往任何目的地的旅程中都使用带有清晰标志的自行车道。在每一
个城市、小镇和乡村地区，人们都可以找到自行车公共设施。各主
要路段两边设有高品质的自行车专用道。在许多城市中自行车较机
动车拥有绝对的道路使用优先权。城区里，自行车路线的规则制定
被视为非常重要的一项工作。这些路线为骑车人提供了一些缩短其
行程的捷径。将不同交通形式区分开也非常重要。这里有专为自行
车设置的桥梁（图 1-12）、隧道、停车设施，使得骑车在荷兰成为
一种非常舒适的体验，而自行车的使用率也就自然高于其他发达国
家。除了拥有完善的自行车路网外，由于荷兰国土面积小，火车被
认为是最方便的国内公共交通工具。因此，荷兰的火车路网覆盖全
国，火车四通八达，这些条件也使他们拥有了几乎是世界上最好的
（自行车 + 火车）二元交通系统。每个火车站都停有数百乃至数千
辆自行车。由于自行车占据了人们出行的 30% ～ 50%，它已成为
人们生活中不可或缺的一部分。荷兰人对于骑自行车的态度是非常
积极的。有超过 90% 的人热衷于骑车；86% 的荷兰人认为自行车是
休闲时的一种享受方式；62% 的人认为自行车可以给人一种团结和
愉快的感觉；15% 的人认为自行车能给人以自由和独立的感觉。在
荷兰，通常在时速超过每小时 30km 的路上，自行车道就和机动车
道及人行道分隔出来，另辟为专用道，这种安排可使骑车人更安全，
尤其在遇到道路交叉口时。自行车专用道的宽度通常可容 2 辆自行

图 1-12　荷兰鹿特丹自行车道

车并行通过。而且，自行车专用道被漆成红色，和白色的自行车路标一起，非常有助于人们的视觉辨认。这种专用道被安排在机动车道和人行道之间，有时也是人行道的一部分。

1.2.2 美国绿道

1. 美国绿道发展动态

美国在绿道理论发展方面处于世界领先水平。数以千计的项目报告涵盖了国家层面、区域层面、城市层面的绿道建设。通过对文件的检索和审查，我们清楚地了解了美国绿道的理论形成和发展。朱利叶斯·法伯斯（Julius Gyula Fábos）在《美国绿道规划：起源与当代案例》一文里，详细介绍了美国绿道的起源和演变，他根据时间将美国绿道分为五个阶段：第一阶段（1867-1900年），完全属于先驱查尔斯·埃利奥特（Charles Eliot）、弗雷德里克·劳·奥姆斯特德（Frederick Law Olmsted）以及克里佛兰（Horace Cleveland）的时代。第二个阶段（1900-1940年），诸多献身于绿道规划与实践的风景园林师们。第三个阶段（第二次世界大战后）。景观规划师菲尔·刘易斯（Phil Lewis）、祖伯（E. H. Zube）、伊恩·麦克哈格（Ian McHarg）、朱利叶斯·法伯斯对绿道的规划产生了重要的影响。第四阶段利特尔（Charles E. Little）对绿道进行了命名。第五阶段则是其他国家对绿道的探索。

在实践方面，美国19世纪60年代已经开始了公园路和公园系统的规划和实践，该实践规模较大。19世纪前期的绿道建设中以蓝桥公园道最为著名。到19世纪末，查尔斯·埃利奥特设计了以5条河流和5个贯通开敞空间在内的绿道网络系统，将城市内部和外围空间巧妙地连接在一起。在20世纪中叶，美国开始规划和建设绿道，规模数量较大，这些绿道连接了公园绿地和区域绿道，其中威斯康星州遗产道，是当代具有代表性的绿道。20世纪80年代开始，美国实施了Boulder绿道计划，主要通过建设绿带、绿色通道等来保护河岸景观，同时恢复下游河道。自20世纪60

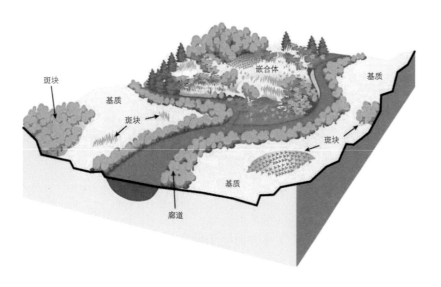

图 1-13　斑块、廊道模式

年代以来，据不完全统计，美国已有及正在建设的绿道约 2000 余条。美国现阶段绿道建设已经达到一定规模及层次。

在理论方面，有机疏散和区域规划理论在 20 世纪 20 年代被倡导。在 20 世纪 60 年代，生态规划理论成为生态规划的一个里程碑。20 世纪 80 年代利用计算机、3S 技术在景观生态学的指导下，进行大尺度的绿道系统规划。科技的进步促进了绿道理论与规划的进步，绿道规划开始使用地图叠加分析、加权评价、GIS 等进行多解的分析与规划（图 1-13）。

另有部分学者提出绿道生态功能的重要性。菲茨吉本（J. FitzGibbon）分析加拿大 4 个绿道项目后，认为在绿道的规划设计过程中，应该把道路连通性和如何融入自然文化特色纳入考量范畴，并且在人类活动得到保证的同时，生物多样性也应该得到保持。杰克·埃亨（Jack Ahern）在总结绿道规划策略时提出，线形绿道中的自然元素应得到最大限度的保护，且规划建设过程中还必须考虑结合历史、文化、美学、休闲娱乐，以及生物多样性等多方因素。

一些学者开始意识到应该把绿道纳入到整个城市生态中去考虑。弗洛里斯（A. Flores）等在分析了纽约城市绿地空间系统之后，认为野生动物的栖息地也应该被正式归类为"绿地空间"。同时也不建议将绿地空间当作离散的、静态的有边界的、具有均匀生态特征的孤立土地片区去规划和设计，生态特征与各种各样的环境设施应该联系起来。与此同时，绿道规划与建设过程中的公众参与度也逐渐受到了更多专家和学者的重视。穆加文（M. Mugavin）提出绿道建设应分时期或者阶段实施，并与公众沟通，了解他们的态度和想法。

埃里克森（D. L.Erickson）在进行历史城市形态与当代绿道建设的关系的分析后总结到，对于绿道来说，具有历史绿地空间结构是一个优势，在滨水廊道空间尤其明显。他还对大都市绿道网络的构建提出了自己的见解。他认为多方的远见卓识以及高效的合作模式是大型绿道网的成功构建的关键。

同时，一些学者也注意到公众对于绿道的认同与支持能促进绿道建设顺利开展。横张真（Makoto Yokohari）等认为绿道规划过程中的公众参与有助于居民更现实地看待使用绿道所带来的潜在风险。在绿道种植和维护过程中的公众参与等能够展现公众对于公共空间所有权的活动可以帮助保持生态环境与人身安全之间的平衡。艾伦（W. Allen）

通过对美国新英格兰地区成功的绿道规划方法及跨区域大尺度绿道的协调策略的归纳，发现高效合作、公众参与区域协调是成功建设大尺度绿道网的关键。由此，绿道已经发展成一种能够把破碎化的景观连接起来的生态线形网络，在保证景观美学价值的同时，还提供了文化体验、经济等多种可以为周边居民创造丰富体验的功能。

2. 早期"线形公园道"的理念

（1）奥姆斯特德

弗雷德里克·劳·奥姆斯特德是美国最重要的公园设计者之一，也是美国风景园林学的奠基人。1857 年秋，奥姆斯特德担任纽约市中央公园负责人，于 1858 年与英国建筑师卡尔弗特·沃克斯（Calvert Vaux）合作设计了纽约中央公园（图 1-14）。

在纽约中央公园后，奥姆斯特德在美国西部设计了一些项目。其中，伯克利分校规划设计被认为是奥姆斯特德式绿道理念的发端处。对于大学校园和邻近街区，奥姆斯特德认为，"绿道"要素应首先被提及。一是将位于大学上方的草莓溪山谷（valley of Strawberry Creek）作为公共园地，该设计得到校园管理者赞同，并且被认为在绿道发展起始阶段具有标志性意义。

奥姆斯特德在他设计的布鲁克林项目——希望公园（Prospect Park）中形成了"线形公园道"的理念。随后他还设计了诸多景观大道，连接城市中的公园，建立了第一条公园路——东方园道（Eastern Parkway），成为绿道产生的直接原型。奥姆斯特德推动了城市公园向公园系统的方向发展，大量公园路应运而生。线形绿色通廊系统性增强，成为美国公园运动的重要结构特点。

中央公园取得了巨大的成功，同时确立了与之密切联系的公园设计的主题，他在 19 世纪 70 年代重新设计的美国国会大厦广场中扮演着非常关键的角色，该广场由数片绿地组成，一直从林肯纪念堂延伸到国会大厦，美国国家广场是举行庆典、仪式的地方（图 1-15）。

奥姆斯特德认为城市公园系统应在大规模城市化和郊区土地升值之前进行，创造一种"都市里的村庄"的城市环境，并在《公共公园

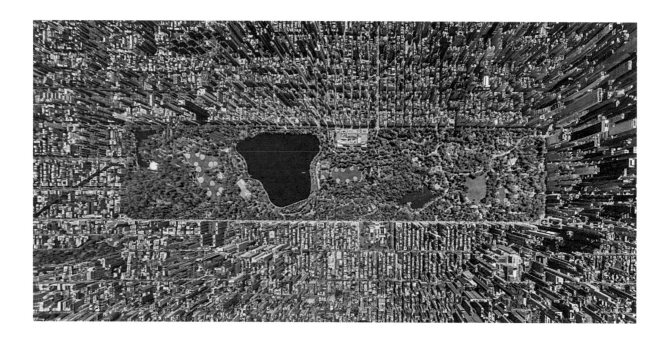

图 1-14 纽约中央公园航拍图

图 1-15 美国华盛顿绿轴和绿道

图 1-16 波士顿翡翠项链阿诺
德植物园段

和城市扩张》（1870 年）（Public Parks and the Enlargement of Towns）一书中有明确阐述。1868 年，奥姆斯特德用 61m 宽的公园道路连接了 3 个不同面积、不同规模的公园，该系统是一个真正的公园系统。从 1878-1895 年，他还规划和指挥波士顿公园系统的建设，建成了第一条真正的绿道，著名的"绿翡翠项链"（Emerald Necklace）。这个公园系统与波士顿的城市建设同步发展，整个体系用公园路连接了阿诺德植物园、富兰克林公园等 5 个公园，有效连接了城市边缘的湿地等，也将布鲁克林、波士顿和剑桥连在了一起（图 1-16）。

（2）查尔斯·埃利奥特（Charles Eliot）

在 19 世纪末，基于奥姆斯特德的城市开放空间网络的建设，查尔斯·埃利奥特（1859-1897 年）将绿道扩大到更大的区域范围内。他是奥姆斯特德的学生。埃利奥特对波士顿地区的地形、现状的植被和土壤质量进行了广泛的调查，并将波士顿"翡翠项链"公园网络扩大到约 600km² 范围。通过 5 条沿海河流廊道将波士顿郊区的 5 大公园绿地串接起来。

除了埃利奥特和奥姆斯特德，西奥多·沃斯（Theodore Wirth）和霍勒斯·克利福德（Horace Clifford）为明尼阿波利斯大都市区规划了绿道网络，后来乔治·爱德华·凯斯勒（George Edward Kessler）也在中西部地区规划了公园及公园系统。

3. 美国风景园林的绿道规划实践（1900-1960 年）

（1）奥姆斯特德兄弟与"40 英里环线"

1903 年，奥姆斯特德兄弟为庆祝刘易斯和克拉克的百年纪念设计一处公园。提出建设一条长 64.37km 的公园系统，简称为"40 英里环线"。其后被风景园林师扩展成 225.31km 的环线。

此外，还有多位风景园林师为美国绿道的发展作出了贡献。

亨利·赖特（Henry Wright）在其位于新泽西州雷德朋的社区规划项目中将内部绿地与绿道网络连接起来，被美国景观设计师协会在百年大会上誉为对专业的独特贡献。

查尔斯·埃利奥特二世操刀，1928 年，他与同事设计了长达

250km 排水系统的"环湾规划",联结了区域中的湿地、社区和生态资源。

（2）绿道相关概念的出现：风景道、蓝道、铺装道、自行车道等

最初风景道的功能较为单一，强调道路美化和沿途景观塑造，如弗吉尼亚弗农山纪念风景道和纽约威斯切斯特郡风景道。后来，风景道的内涵进一步丰富，提供了视觉上的美感，同时尊重历史文物旅游资源的保护，如连接了两个国家公园（大烟山国家公园、仙纳度国家公园）的蓝岭风景道。

美国作为风景道的发源地、主要实践地和研发基地，依据 1995 年提出的保护和促进风景道发展的官方推广计划——国家风景道计划（National Scenic Byway Program，NSBP），风景道的定义为：一条土地所有权公有的，具备风景、历史、休闲、文化、考古、自然等六大品质的道路，该道路不单指道路本身，还包括道路两边视域范围内的廊道风景，并且该道路要通过立法或官方声明来认定。

除了风景道之外，还出现了自行车道、铺装道、蓝道等相关概念。蓝道是河流廊道，基于城市的径流系统建立。

（3）"绿道"一词的首创者和推广者

"绿道"这一术语源于埃德蒙德·培根（Edmund Bacon）著作《保护美国城市的开放空间》（1959 年）中的讨论内容，通常开发者会将 3%、4% 或者 5% 的难以利用的土地贡献出来。规划者设想过一个摒弃原有的整个街道格局的方案，在其中建立"绿道"公园。因此，可以说培根是"绿道"术语的创造者。

威廉·怀特（William H. Whyte）（1917-1999 年）是《财富》杂志编辑，他在有关开放空间的许多书籍和论文中都提到绿道。在《集群开发》（Cluster Development）（1964 年）一书中，一本由美国保护协会（American Conservation Association）出版的图表式书籍，作者描述了卡尔·贝尔瑟（Karl Belser）于 1961 年提议的一个位于加利福尼亚州圣克拉拉县（Santa Clara County）的绿道规划。"绿道"逐渐成为热门的专业术语。

威廉·怀特还对这一术语进行了相应的推广。在由双日出版公司（Doubleday）出版的怀特的《最后的景观》（The Last Landscape）（1968 年），其中有一章叫作"连接"（Linkage），这正是对于绿道理念有用而激励式的探索。

4. 美国环境运动影响下的绿道理论（1960-1985 年）

这时期，环境问题变得突出，并逐渐演变成社会问题。在美国，大规模的环保运动已经出现。美国的环境保护运动包括建立民间环保组织，完善环保立法和执法机构，以及全国环保游行。

菲尔·刘易斯（Phil. Lewis）提出了"环境廊道"理论，通过地图绘制技术判定了威斯康星州的 220 种自然和文化资源。

伊恩·麦克哈格（Ian Lennox McHarg）（1920-2001 年）首次将传统园林的概念上升到现代风景园林的高度。其所著的《设计结合自然》一书，标志着风景园林规划设计进入新的时代。

此后，绿道规划师们针对绿道的各项功能提出了自己的相关概念，并以方向性的概念指导了相关的规划建设。从形态结构演变的角度看，相关概

念包括绿带、风景廊道、公园连接道、绿指、绿链等。如果强调绿道生物多样性的保护作用，则使用环境廊道、物种疏散廊道；如果强调历史遗存则用遗产廊道。

5. 美国绿道全球化发展时期的绿道理论（1985-1995 年）

"绿道"（Greenway）这一概念在《美国户外报告》（1987 年）中被正式提出。此后，绿道概念开始被广为接受。

查尔斯·利特尔（Charles E. Little）的著作、论文和杂志文章引领了许多创新性的保护政策，包括针对农田保护的国家立法，针对杰出景观地区的协同规划新方法。利特尔于 1990 年出版了美国绿道研究的开山之作《美国绿道》。他追溯了国内外绿道的发展历程，剖析了很多绿道工程，并且描述了全美范围内的创造和保护绿道的几个代表人物；对绿道的基本类型进行了论述，并且全面讨论了纵贯全美的连接市镇、城市和公园的并已产生巨大生态、社会效益的美国绿道系统。该书将绿道定义为基于保护线形廊道的自然绿色道路，对 20 世纪末的绿道运动带来了重要的影响，具有极强的实证研究价值和实践意义。

罗伯特·赛恩斯（Robert M. Searns）是美国绿道运动的领军人物之一。在 1993 年与洛林·施瓦茨（Loring LaB. Schwarz）和查尔斯·弗林克（Charles A. Flink）出版了专著《绿道——规划·设计·开发》（Greenways: A Guide to Planning, Design, and Development），书中详尽地介绍绿道从组织、规划、设计到管理的程序。在《景观与城市规划》（Landscape and Urban planning）一书中发表了多篇关于绿道的论文，极力推动绿道的发展。绿道通过提供绿色基础设施改善了人们的生活质量。

朱利叶斯·法伯斯是著名景观规划理论家，目前仍致力于推动绿道运动走向国际，曾组织《景观与城市规划》（Landscape and Urban planning）出版 3 期绿道专刊。他在《美国绿道规划：起源与当代案例》中的大胆设想影响了地区、州和国家层面的土地使用。介绍了为美国大陆所作的绿道远景规划。此外，他还带领马萨诸塞大学的景观规划设计系对美国 48 个州郡进行绿道网络综合分析和规划，这一规划为大尺度的国家和区域绿道规划提供了思路。

杰克·埃亨教授是国际绿道规划设计和风景园林生态学研究方面的领军人物，国际绿道会议（Fábos Conference）的常任主旨发言人，现任美国马萨诸塞大学风景园林与区域规划系（University of Massachusetts Amherst, Department of Landscape Architecture and Regional Planning）教授以及国际事务办公室的副主席（Vice Provost for International Programs）。

杰克·埃亨和朱利叶斯·法伯斯都是美国绿道运动推动者，绿道研究的重要人物，他们在 1996 年联合出版了《绿道：国际运动的开端》（*Greenways: The Beginning Of an International Movement*）一书。这本书提出了一个新的定义：绿道是一个通过精心规划、设计和管理的土地网络，以实现与可持续土地利用兼容的生态、休闲、文化、美学和其他多重目标。该定义强调了 5 项内容：绿道通过连接其他非线状重要景观系统形成综合体；是非线形景观规划的重要补充，具有线形的空间结构；具有连通性；满足可持续发展的要求；拥有多功能性。该定义较为全面系统，是目前国际上比较认同的。

北美洲特别是美国的绿道规划涉及范围很广，研究内容也是世界范围内最早、最完善的。美国绿道规划的侧重点在给人们提供生态保护和社会文化的协调上，尤其注重绿道的游憩功能。其理论代表人物和实践极为丰富。美国的绿道规划是最早也是最完善的，涉及景观游憩美学、生态保护、历史保护等各方面。另一个侧重点在组织提供游憩场所、生态与社会文化协调上，建立一个涵盖国家级、区域级、地方和城市级的全面、综合的绿色生态空间系统。

1.2.3　亚洲绿道

亚洲的绿道以日本、新加坡、韩国为代表。新加坡的绿道特色是以见缝插针式的方法建设，在高密度的城市建成区提供了足够的场所和空间，开创了特殊国情下的建设方式。日本的绿道特色在于通过绿道串起名山大川，通过建设绿道网络，仍然保留着具有地方特色的珍贵、美丽、自然的特色。而韩国绿道的亮点在于关注环境污染严重的河道，将对河道的污染治理和绿道建设结合在一起，不仅对生态进行了修复，恢复了城市河道的活力，还建设了纵贯国土的自行车道。

1. 日本绿道

在日本，绿道被称之为"绿の回廊"，翻译为绿色廊道。日本在亚洲对于绿道理论的发展介入最早，相关的理论成果众多。河流绿道、山脊绿道都是日本绿道发展的重点。日本绿道最大的特点就是将日本境内重要的自然资源，且是风景良好的景观资源进行串联、贯通。整个网络已成为生态多样性丰富的环境整体。这种思路为整个国家的生态与环境保护、旅游业、相关服务产业的发展都作出了贡献。日本现有城市中的绿道，重视城市核心区与城市边缘地带等的串联，这样的思路能够促进市民进行多种类型的游憩休闲活动。日本在新城的规划建设中，对绿道也有针对性的思路，通过绿道网络的建设，营造良好的自然生态环境。

总的来说，第二次世界大战后，绿道在日本新城建设中得到酝酿，城市住房建设快速发展经历了四个主要阶段：游憩型公园节点建设期、廊道思想萌发期、廊道建设繁盛期和城市绿地系统建设完善期。基于绿地系统的城市绿道和基于森林保护的绿道是日本两个方面的绿道理论。

（1）基于保护林制度的生态型绿道建设

日本在国有森林保护和管理方面做了很多工作，包括原始森林生态系统和珍稀动植物保护。从 1915 年开始实施保护林制度以来，日本陆陆续续在全国各地国有林中设有很多不同类型的保护林。

此外，为了野生动物的迁徙，保护森林生态系统，日本林野厅规划并建设了一个全国性的保护森林中心，并将其与保护森林作为目标逐步形成绿道网络。

（2）基于城市绿地系统规划的城市绿道

20 世纪 50-70 年代，日本进行了快速的战后经济恢复。农村人口大量涌入城市，各种产业出现了大幅度的增长，城市迅速扩张，日本本来不大的国土面积出现了严重的社会问题和环境问题。在此基础上，城市决策者们为了能提供更多的住所，日本成立了城市复兴委员会，形成了许多大型社区和新城市，即新市镇，提供了大量价格低廉的住所。

新市镇的思想理念其实源于西方现代思想。其中开放空间、公共绿地是其重要特点。规划中，新城市很大一部分土地被用来建设绿色空间。这些绿色空间需要另外一个特征空间来连接它们，这便是绿色道路网络。绿地相互连接形成绿道网络。在新城镇和新城镇之间、新城镇内部、新城镇和旧城区之间都规划有绿道。滨河绿道是其建设的关键部分，有助于维护日本美丽和珍贵的自然景观。

2. 新加坡绿道

新加坡是一个岛国，位于马来半岛南端，素有"花园城市"的美称。建设一个遍及全国的绿地和水体的串联网络，这是新加坡在 1991 年就提出的。

新加坡绿道建设最主要的目标是使土地受益优化。规划中不仅要为商业、居住等提供必要的用地，还要为港口、机场等预留用地。现实中土地竞争越发激烈的情况下，新加坡通过创新型绿道规划方式，开创了一条不同的绿道实践道路。目前已经建设并较好完成了 400km 的绿道网络。

首先，新加坡用"机会主义"的方法进行绿道规划，激发了使用空间的潜力。其次，新加坡采用了公园体系的规划方式，连接山体、森林、主要的公园等。绿道网络规划采用了以线串点的方式充分利用现有的河流系统、道路排水系统。提供了游憩娱乐、自然生态保护、文化和历史保护等功能。

3. 韩国绿道

韩国的绿道主要关注污染严重的河道，通过绿道的建设进行生态修复和综合环境治理，如清溪川综合恢复项目。另外，韩国同样关注新区绿道建设，如汝矣岛汉江带状公园项目。通过绿道将老城与新区贯通，提升新区的人气和活力。目前韩国已建成了贯通全境的自行车道，旨在鼓励民众绿色出行、保护环境。

韩国"绿色新政策"（2009 年）中的自行车基础设施建设计划以广泛宣传自行车文化为目的，以河湖资源的风景为基础，沿江河建设绿道。2012 年北汉江自行车道开通，可以骑车旅行周游韩国。至2019 年，韩国即将建成全国自行车专用道网。届时韩国自行车专用道网预计长达 3000 多公里，能够连接韩国首都至南部城市。

4. 中国台湾绿道

由于多种原因，中国台湾绿道的建设起步较早，发展历史较为悠久，1988 年台中市开始开辟、完善绿道，1996 年完成 13 条绿道（分别是兴大园道、忠明园道、树义园道、文心南园道、崇伦园道、五权园道、美术园道、经国园道、育德园道、双十园道、东光园道、梅川园道及太原路园道）的建设，至今，绿道已成为台中市最具特色的城市公园绿地（图 1-17 ~ 图 1-19）。1998 年建成的关山亲水公园和关山环镇自行车道构建了多样的绿道系统，极大推进了"乐活"、永续利用等理念，并有力推动了乡村观光、生态旅游，成为乡村产业多元化的有力推手。

图 1-18 台中后丰铁马道绿道

图 1-17 台中东丰铁路绿道

图 1-19 台中东丰绿廊

2

中国古道思想
溯源与发展

2.1

古道思想溯源

中国古代，人们形成了对宇宙自然的亲切感、家园感，所谓"天地为庐"。这是源于庐舍的移远就近、由近知远的空间意识，富于审美情味的宇宙观、时空观，为后世中国具有独特民族风格和价值取向的艺术精神的形成播下了种子。

在"因宜"观念指导下，中国古代"天人合一"观念旨在寻求一种契合自然的秩序。这也成为中国规划设计的一条基本原理。在中国的发展史中，国人强烈的环境观念贯穿始终。这种观念放大而为"天下"，凝缩而为家园。中国人就是在这种观念的指导下，实践着人与自然和谐共生的理想。

2.1.1 "天人合一"的哲学思想

《周易》的哲学观点认为"生生之谓易"，"天地之大德曰生"，这也是中国"生"的哲学。在人与自然的关系中，中国传统的自然观强调自然与人性的统一，既"天人合一"。 宇宙的本质是一个大世界，人是一个小世界，人与自然是内在联系和融合的。"屈物之性以适吾性"，与万物平等的人类应该"各适其天"，爱天地间的一切事物，而不是主宰一切，以便万物的自然本质得到发展。

1. 先秦"神人交通，天人合一"

在集体共有神权的原始宗教阶段，在巫师的帮助下，全体氏族成员都有权与神灵交往。但随着氏族制度的衰落，氏族贵族要垄断"通天"的权利，颛顼为了垄断神权，以恢复神灵的威严为由实行"绝地天通"。同时，随着不断强化的神权政权垄断力量的逐渐形成，奴隶主统治者提出了所谓的天命神权论，原始的"神人交通"开始演化为"天人合一"。

在西周时期，"天人合一"的思想在统治集团内开始动摇，"以德配天"和"敬德保民"的思想开始被他们宣扬，希望用主观思想来巩固王权的观念。"天命靡常"观念的提出，为以后天人关系问题的探讨和发展提供了重要的思想资料。

2.周易"阴阳交感，天人和谐"

西周出现的阴阳五行说，把自然看作相互联系的整体。《周易》为春秋战国时期思想家论述天人关系奠定了基础。认为天地间一切人物，都是阴阳交感、八卦相荡而成，强调自然界的秩序。周易是以八卦为基础的占卜之术，构建了容纳宇宙万物的世界模式，来判断万物和人事的吉凶，来达到天与人的和谐。

3.道家"人法地，地法天，天法道，道法自然"

道、天道、人道，是老子"天人合一"思想里的重要概念。老子认为"道"是事物发展的最普遍原则，是宇宙万物的起源。"天道"是宇宙的本质："人道"是修复身体、修复现实世界圣人的方式，人道应该追随天道。老子认为，天空只是与地相对应的自然，老子赋予人们与万物相同的道德地位。在道之前，他们是无差别的。

战国时期庄子继承和发展了老子和道家思想，他认为道"无为无形""自本自根""生天生地"，天地万物都是道生成的，"道"是宇宙的源泉，天人统一。《庄子》中曾云"与天为一""天与人不相胜"，表达了庄子主张天人高度一致与和谐的态度。不要人为去改变自然天理，提倡无为而无不为。

4.儒家"人与天调，顺应天命"

儒家思想的核心是伦理思想，包括对"天"的理解，强调人们应该遵守命运。关于天与人的关系，孔子认为"人知天气""人贵物贱"是人在万物面前的方式，是主动的，而非被动的，人可以主动地选择仁德行为来符合天道。孟子继承和发展了孔子的"天人合一"思想，修改了孔子的"天命"理论，认为这是人的心性和天融为一体。他说："诚者，天之道也；思诚者，人之道也。"他将道德这一属性赋予了天命，同时也保留了天命决定社会、人事的宗教内容。他提出，为了认识天命与自己的善性，人们要尽力发展、扩充自己的心。

战国末期哲学家荀子是儒家学派的另一位代表人物，在天人关系问题上，他凝练出"明于天人相分"的辩证观点，进一步探讨了客观规律与主观能动性问题，同时他又强调人应当"制天命而用之"。管子提出"人与天调，然后天地之美生"，认为人类的生产、生活要与自然界的阴阳时序保持协调，将社会美融入自然美创造园林艺术美。

5. 两汉到唐代的"物各自生，天人交相胜"

（1）因循自然，天人感应

西汉初期，淮南国王刘安召集门客集体编写了《淮南子》，它结合了道家黄老、儒家、阴阳家、法家等思想，并借鉴阴阳五行家的理论框架构建了一个系统的天道观体系。西汉唯心主义哲学家董仲舒认为"天"既是自然之天，又是意志之天，是被人格化了的物质实体的天。在阴阳五行说的基础上，建立了"天人感应论"，天道的运行会因人事的变化而影响，天会通过祥瑞和灾异来表达它的评判。

西汉末至东晋时期，佛教开始传入我国。净土信仰是佛法中一门极为重要的法门，"净土"是指在佛经中大乘佛教的佛所居住的世界，"净"包含了整个佛教法义的核心，"净土为三乘共趋"，大乘只是特别发扬了而已。其中弥陀净土成为后世净土宗所奉的"西方极乐世界"。

（2）天道无为，人道有为

东汉唯物主义哲学家王充批判了董仲舒的"天人感应论"，形成了自己的天人观，认为所谓的"天人感应"是不存在的，灾异与人类社会没有关联，只是单纯的自然变化，既不存在宗教的天也不存在道德的天。"天道无为，人道有为"，天和人之间的区别在于，"天"是具有天文学意义的物质实体，而"人，物也"，人和天都作为物质的存在，是同一的。

（3）魏晋时期"精气神合一"

魏晋南北朝时期，玄学十分盛行，强调"以无为本，举本统末"。王弼的《周易注》，在老子的气氛下，混乱而神秘的大象数字很容易学习，而回到安静无辜的人们的智慧世界，成为保护三国时代政治动荡不安的每一个人的哲学。西晋玄学家郭象则认为万物之本是"有"，强调"物各自生"，只要人们都能意识到万物都有其自己的性质，那么就能达到天人合一境界。

魏晋时出现的神仙道不同于民间的道教，它是在战国、秦汉间神仙信仰的基础上所产生出来的，上层统治者和士大夫阶层是其主要活动者。道教最根本的目的是使有限的生命获得永恒，也就是长生久视。道教认为，若要达到神明的境界，需要将体内的"精、气、神"三者合炼为一。因此修炼者需要主观地去契合道教传说中成仙的心理预设，用幻想、存思的方式去感受仙界。

（4）天人交相胜

柳宗元主张以天人本来的面貌去探讨天人关系，以天人的区别为前提，而不是儒家所赋予的伦理色彩。柳宗元认为"天"是物质之天，"人"是社会中人，自然界的变化都是无意识的，而人的行为则不是，所以他提出，有心或无心，是自然变化和人的行为的主要区别。刘禹锡将天人合一描述为辩证的运动过程，提出了"万物之所以为无穷者，交相胜而已矣，还相用而已矣"的著名的命题。他认为，人的职能与天的职能并不相同，天的职能是掌管万物生长，而人的职能则是改造和加以利用万物。

6. 宋明哲学家"天人一理"

北宋哲学家张载提出："儒者则因明致诚，因诚致明，故天人合一"。他的主要思想是：天和人都是实在的，"天人"之"用"是统一的，天和人都以"变易"为本性。他强调圣人与天地之性、天道相通，"天"作为人性与道德仁性之源，被赋予了道德性。程颢和程颐作为宋代理学的奠基者，他们将宇宙本体定义为提升后的天理论道。二程认为万物皆有理，这是事物发展的必然趋势，所以他们将"理"作为具体事物的准则。

南宋哲学家朱熹建立了完整的理学体系。他认为理是宇宙万物的本原，"天理"则为天人合一的哲学基础。"宇宙之间，一理而已。"也就是说，理作为万物的本源，理生气，并以气作为质料生成万物，所以人作为世间万物当中的一物，也是理之一，故云天人一理。

7. 明清"天人有继"

（1）尽人道而合天德

明清之交的思想家王夫之，重新总结了中国古代哲学中的天人之辩，并提出了新的论点。他认为"天"可以分为"天之天"和"人之天"，并且是可以互相转换的。他重新审视了以往的人性论，认为人在与自然交往的过程中在不断地发展自己的品德与德行，而这个过程也就是天人交互的作用。他说："夫性者生理也，日生则日成也。则夫天命者，岂但初生之顷命之哉？"人性的发展并不是由初生的"命"所决定，而是在每天与自然、社会的接触中发展而来的。

（2）天道与人道，互相包容、互相影响

清代思想家戴震通过对程朱理学体系矛盾结构进行解剖，在其基础上创造性地继承了理学的合理价值要素，为理学中人的生存与发展奠定了哲学人性论的基础，并且运用了"气化流行、生生不息"的本体论方法重新阐述了天人合一的学说，构建了中国生存论哲学，开辟了中国哲学发展的新方向。戴震认为天道与人道之间是具有相互关系的，虽然它们有各自的运行规律，但它们不是相互排斥和孤立的，而是相互包容和互动的。戴震关于哲学理论的改进和发展，对促进中国传统儒家文化"天人合一"思想的继承和深化起到了重要作用（图 2-1）。

古人以尊重自然、顺应自然、利用自然的"天人合一"思想，打造出了一条条充满线性规划哲学和体现人与自然和谐的古道。如西周修建了最早的大道"周道"，通过顺应自然条件，充分利用山体、河道建造城墙与城壕，并在系统路网和绿化养护方面始开先河。另外，秦汉的古蜀道翠云廊，先后开展了 7 次大规模的行

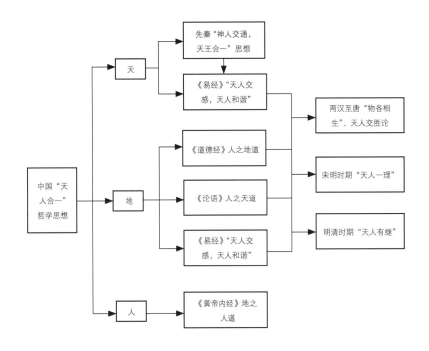

图 2-1 中国"天人合一"思想
发展脉络

道树种植与维护，形成了林木茂盛的林荫古道。

2.1.2 风水堪舆学

1.风水思想的起源

风水学古称"堪舆术"，在古人看来，"天地定位，山泽通气，雷风相薄，水火（不）相射"。天地的运动变化与人和事物的生长是息息相关的。"天地与我并生，万物与我为一。"人作为自然生态链的一环，在大自然中是渺小的，人要学会如何在天地间与大自然和谐共处。

风水学说是中国古代的一种术数学问，旨在如何选择理想的、避凶就吉的居住环境。《尚书》《礼记》等典籍中已有古人择地营国的记载，最初借助于卜筮的方式即所谓"卜宅""卜居"，后来通过"相地"的方式即考察山川的地理、地质、水文、生态、小气候等再结合避凶就吉的迷信而营建城郭、宫室、住居以及墓葬，即所谓"阳宅"和"阴宅"。

西汉中期确立的宇宙论天人合一理念，标志着汉文化的形成，阴阳五行理论成为这个时期乃至整个封建社会的主流思想。这种文化的最高哲学——宇宙论的天人合一思想充满了人的主动性，激发了人们的创造力，激励着人们不畏艰难，奋发向上，建功立业。作为具有回馈功能的天人相通而"感应"的有机整体的宇宙图式，它关注的是个体和国家在行为过程中是否与自然和社会相联系与协调。

2. 风水文化的发展脉络

自古以来，祖先把选址定居作为安居乐业的头等大事。相地术是一门相宅相墓的学问。古人相信"气运图谶"之说，审辨基地是否"藏风聚气"。战国时期七雄争霸，竞相筑城，掀起了城市建设高潮，这个时期出现的《管子》《考工记》《周礼》等为风水理论的发展奠定了理论和实践的基础。

（1）万里长城使秦疆域形成围合态势

秦统一六国后，把原来各国在内地修建的长城拆毁。但为了抵御匈奴的侵扰，从公元前214年开始，修筑了一条西起临洮、东到辽东的长达一万余里的城防。它在历史上是北方游牧民族和汉族的分界线，与西部的黄河、南部诸山、渤海、东海和南海构成了一个围合的空间，为保障内地人民安定的生产和生活起了积极的作用。到汉代又与阴阳五行八卦之说相结合，而形成风水学说的雏形，其宗旨是为生者的聚落和死者的坟墓选择理想的自然环境和人文环境。并相应地确立这种环境的不同结构模式和选择标准，以求得家宅平安、子孙繁衍。

（2）魏晋南北朝时期风水理论的巩固与传播

两晋南北朝时，知识界和玄学家盛谈"气"的理论，认为气是自然界的基本要素。风水学说引进"气"的理论而更加系统化。另外，由于自然山水风景的开发和人们鉴赏自然美的深化，风水学说又增加了对景观环境审美评价的内容，于科学、迷信的成分中又糅进了美学的成分，从而奠定了完备的理论基础。人们的地理视野因地图的绘制和《水经注》等地理著作的出现而扩大。儒释道在意识形态领域中形成了并立的格局，风水理论在佛教和道教文化的影响下不断巩固和传播。

（3）唐宋时期风水理论的形成

随着各郡风俗物产地图的汇编，《元和郡县图志》等地理著作的撰写，使得人们的地理视野在广度和深度上都得到了拓展。在隋唐宇宙论天人合一观复兴的基础上，周敦颐提出了"理气"的观点，张载在此基础上提出了人性论的天人合一思想，二程、朱熹和陆九渊发展了这种思想。在这种哲学思想的指导下，唐代《葬书》《撼龙经》《雪心赋》《博山篇》等作品的问世，标志着形势派的形成，其中杨筠松、卜应天等人是代表性人物；而唐代《黄帝宅经》的问世标志着理气派初露端倪，理气派的形成标志则是北宋末年赖文俊《催官篇》的问世。于是，在唐宋时期城市、陵墓、园林建设上也体现了不同时代的风水特色。

（4）元明清时期风水理论的成熟

对于全国山脉体系的认识，清初仍继承了王士性的观点。但随着乾隆时期对新疆的勘测，对山脉体系有了新的认识，认为当时中国有三条主要的山脉体系。北干为阿尔泰山、杭爱山、外兴安岭一线，中干从昆仑山向东，经积石山、阿尼玛卿山分为三个支脉，南干是冈底斯山、巴颜喀拉山、横断山脉、南岭一线。

对于全国河流的认识，除了对黄河和长江的源头有了正确的认识外，清初黄宗羲的《今水经》、清中期齐召南的《水道提纲》、陈登龙的《蜀水考》等对河流有详细的论述，特别是《水道提纲》记载的河流达 8600 多条，对全国各地的河流基本上都有论述。

《广群芳谱》作为一部花卉百科，全书由明代王象晋《群芳谱》增删而成，清康熙四十七年（1708 年）命内阁学士汪灏等撰成。

对植物分布的认识，清初屈大均通过对榕树生长特性的认识，把南岭大庾岭作为我国植物分布的第二条分界线；通过明代对寒北高原植被和清代高士奇对冀北山地西段植被的记载，已认识到冀北山地西段和中段是我国第三条植物分布界线。清末胡薇元在登峨眉山时，看到了植物垂直分布的现象，山麓是常绿阔叶林，往上依次是针叶林、灌木丛、高山草地景观。此外，对台风和飓风也有了认识。此外，方志的纂修加深了人们对区域的认识。现存方志达 8000 种以上，除去两宋的 492 种，由此可见元明清三代的方志之多。

北京城的建设和设计，体现了中国传统文化的精髓。吴良镛先生指出："中国古代城市在进行城市规划和总体布局时，总是自觉不自觉地包含了城市设计的内容……将城市、园林、建筑与工艺美术相结合，以臻至城市整体和谐的境界。"

"北龙结地最为佳，万顷山峰入望赊。鸭绿黄河前后抱，金台千古帝王家。"

——刘基（伯温）

风水思想的文化源泉是"天人合一"的中国哲学思想，反映出万物相通、彼此相融的整体和谐思想。在此思想背景下，产生风水的胎息孕育原理，认为天地运动系统往往与人的生命系统有关。风水思想关注"天时、地利与人和"，重视"尊天道、顺人伦"，强调天道、人道相通，也就是说风水的核心思想是"天、地、人"三者合一。

古人论道路风水,《阳宅十书》多有论述,如"水路桥梁四面交冲者,使子孙怯弱,主不吉利""北有大道直冲怀,多招盗贼破钱财"等。在风水学当中,道路是非常重要的组成部分,古人讲,门为宅骨路为筋,筋骨交连血脉均,若是吉门兼恶路,酸浆入酪不堪斟。可见路非常重要,门路之吉凶,一家之风水,大部分都会受到门路的直接影响。门亦要吉,因为门乃气口,而路也是要吉才可以,因为路为纳外气之口。

中国独特的风水堪舆思想,至今仍然影响和构建着很多乡村聚落格局和发展。绿道在乡村地区将着重串联风水林、风水塘等,以此保护和再现风水地理在线形空间串联的重要生态和文化价值。

2.1.3 传统美学

1. 君子比德: 人化的自然

中国古人对环境的审美,并不停留在物质实体本身,更关注其所具有的内涵。在早期美学中,儒家和谐思想具有突出地位,它偏重于人与社会的和谐,如大乐与天地同和。孔子即在欣赏山水自然美的同时,把自然景物作为人的道德属性的一种象征,"子曰:'知者乐水,仁者乐山。知者动,仁者静;知者乐,仁者寿。'"这即是中国古代"比德"的审美传统。将大自然所表现出来的景象和本质与人的品行道德关联起来。水的清澈和流动表现出了智者思想的灵动和智慧,而山的稳重和连绵则体现出了仁者的蕴藏万物可施惠于人的高贵品质(图2-2)。

古人往往把美、善二字作为同义语使用,它们的字体上部都是"羊"字,解释为"美,甘也,从羊从大。羊在六畜主给膳也。美与善同意"。如果以善作为美的前提条件,那么就会使得原本属于伦理范畴的君子品德用来赋予大自然,从而形成大自然山水之美的性格。人们对自然山水产生崇敬很大的原因是来自"人化自然"的哲理的影响。大自然的山水之美绝不是脱离生活之外的外在环境,更不是与人相对峙的客观存在,而是交融在生活之中并且成为其中一部分。因此,自古以来中国便把"高山流水"作为人的高尚品德的象征。

游山玩水的风俗习惯,在民间也有所发展,《诗经》中的晚期作品已有描述民众游赏山水的热情,但其活动范围仅限于城市的近郊。古代的修禊之礼,于每年三月上巳日例必到水边沐浴以拔除不祥,本来是宗教节日,到这时已演变成为带宗教性质的群众性的出行。登临仙境的向往也激励了人们游赏自然山水风景的热情。

魏晋以来,道家的天和原则影响日增。"人"的自觉构成了整个社会哲学思想的主流,形成了对自我人格与审美意识的新认知。而唐代以后,和谐的美学思想显然发生了转变,在强调社会和谐之外,更突出了人内在世界的圆融,人性化环境与居民的调和,都是相互联系的。通过人与环境的结合,我们获得审美与功能最大程度上相结合的环境。在获得一种生态形式上的突破的同时,我们还获得了审美和道德的突破。

图 2-2　王翚《江山平远图》

2. 自然的人化

"天人合一"是中华民族千年来形成的宇宙观和文化总纲。天，主指自然；人既带有社会属性，又带有自然属性。

庄子作为道家的代表人物，对自然生命怀有珍惜和尊重的态度。风景旷奥概念最早见于唐代文学家柳宗元的《永州龙兴寺东丘记》。文中，柳宗元将山水游赏感受概括为旷与奥两类："游之适，大率有二：旷如也，奥如也，如斯而已。"这是风景旷奥概念的雏形。景观风景感受是多种多样的，但是，任何感受都有其被引发的物质基础，即风景客体。这种风景客体就是景物及诸景物之间的相互关系，而对于观赏者，其存在和表现的形式就是风景的空间。名山的道路布设，也是古代山水美学规划设计策略的一种具体体现。作为登山交通的必出之道，道路布设之佳者，善于与山体地貌相结合而强调自然景观的特色，善于因借地形来突出平夷与险奇的对比，善于串联山地空间以形成"旷""奥"交替的节奏变换，等等。

名士们不仅倾心于玄、佛的研究，还常年用"清谈"的方式进行理论上的探讨，从哲学的本质到人格的自我完善，论证了人必须处在自然无为的状态下才能够实现人格的升华，把"天人合一"

的哲学思想理论推上一个更高的境界。在当时的社会环境下，名士们认为社会所推崇的名教礼法是一种虚伪的表现，以名教礼法为根本的社会充沛着假、恶、丑，想要在这种环境下追求一种真、善、美的理想社会是根本不可能实现的，只能够将这种理想的追求寄托到大自然的山水中去。在名士们看来，大自然的山水是最为"自然"，最为"真"的，而这种"自然"和"真"在社会的表现意义就是"善"，在美学的表现意义上则是"美"。

上述不同时代的古典作品所蕴含着的具有民族特色的艺术风格和审美情趣为何仍然同现代人的喜好和审美相吻合，这是一种中国人对自然和艺术所崇尚的心理环境的相呼应。或许这两者的相结合，人对自然和美的追求创造了艺术作品的永恒。心理结构和艺术作品既不是永恒不变的，也不是倏忽即逝的。

中国传统美学不是"经验的"世界认识美，而是在"超验的"世界体会美（图2-4）。如道家之"原天地之美"的说法，当"山水"之美与修仙者的"洞天福地"的理想境界结合以后，道教对自然

图2-3　卢鸿《草堂十志图》与王维《辋川图》一样，表达的都是唐代文人对园林及园林生活的理解（左），1780年建于比利时布鲁塞尔的勋伯特花园，弯曲的小路和作为"景"而插入小路中的空地是借鉴了中国园林的特点（右）

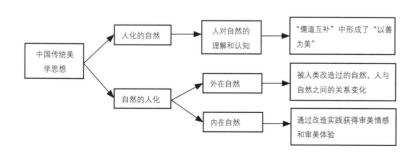

图2-4　中国传统美学思想发展脉络

风物的审美，就增加了宗教理想化的色彩。李白云游泰山求仙时，通过幻想、存思，不仅享受到了与仙人一样的遨游之乐，还体会了"举手弄清浅，识攀织女机"的参与之趣。

2.1.4 山水文化与"道"

在我们生活的环境里，万事万物无不是"时间—空间—人间"之交织。各艺术门类在中国相当齐全，因时间、地点、条件的不同而各有侧重。

1. 山水诗词意境

所谓文学，就是以言达意的一种美术。诗境空间营造是指在诗词环境下引导人超越现实空间环境，从而达到一种悟解的审美境地。人物都以常态为美。

诗境营造原理有三：显现个性特色、表达真情创意；灌注人文艺术、升华审美品位；师法和顺应自然、营造和谐意象。诗境的表现方式主要从构建人与自然、人与人的和谐中体现出来，而中国诗境的至高表现境界，则是通过得天地之精华，从而对人性进行一种抒发。它将人的情感流露、欲求以及对自然的尊重统一起来，将浓厚的诗意心境融合到空间中去，在一开始就营造出一种具有自然审美和感情色彩的环境，引导文化内涵和审美情感的升华。

六朝山水诗是以自然作为人的思辨或观赏的外化或表现，刘勰的《文心雕龙》把诗文的缘起联系到周孔六经，抬到自然之"道"的哲学高度，可以代表这一历史时期对文的自觉的美学概括。

中国的山水文化在魏晋南北朝时期走向了审美自觉，此后山水美学用之于艺术创作和规划营造，有意识地竭力与山川之美相比照，把山川之美的特质施之于建筑、城市、园林和其他艺术作品，使它们获得外在风采与内在神韵，山水美学从此成为东方文化中的亮丽奇葩，成为民族审美心理的普遍基础。魏末西晋时代，士族人士已经懂得领略山水。三国时期阮籍"或登临山水，经日忘归"，七贤所聚集的竹林，也堪称一个"风景区"（图2-5）。西晋羊祜也"每风景，必造岘山，置酒言咏，终日不倦"。渡江之初，士族人士爱好山水，本来是建筑在爱国主义的思想之上。之后，他们苟且江南，爱好山水则转而与物质生活紧密联系起来，成为享受生活的一部分，在《世说新语》里就有很多这样的记载。

2. 中国山水画论

在中国传统文化中，诗画是同源的，经常是诗中有画、画中有诗。不同之处在于，中国诗学是"以小景传大景之神"，即"以小观大"；中国画学则是"以大观小"。但总体上讲，诗与画所追求的目标是完全一致的。正如宋代欧阳修提到的"古画画意画形，梅诗咏物无隐情。忘形得意知者寡，不若见诗如见画"。

宗炳、谢赫的画论可谓开山水画审美之先河。谢赫六法之说"一曰气韵生动，二曰骨法用笔，三曰应物象形，四曰随类彩，五曰经营位置，六曰传模移写"更是论述了绘画的六大精要，是绘画理论研究的重要论述。山水画承载了文人们的山水精神，必然以"天人合一"作为审美的最高境界。宗炳的《画山水序》中屡次提到"道"，"圣人含道暎物""山水以形媚道""圣人以神法道"等。可见在古代艺术家的心目中，"道"才是山水具有"灵气"的根本原因所在。

"宋元山水意境"主要论述了宋元山水画的美学问题。宋元意境与前此审美风格显然不同，山水的淡逸之风劲吹，幽深清远的园林艺术的发展，平和淡雅的诗学境界的风行等，形成独特的宋元风格。在这里我们看到火气、燥气渐渐淡去，压抑的美感让位于无冲突的美感，人与对象相互摩戛的作品少了，而表现出一片天和境界的艺术蔚成风尚。美感的世界纯粹是意象世界，超乎利害关系而独立。从无我之境到有我之境，以及对山水画细节的忠实和诗意的追求。宋代郭熙论山水画，说"山水有可行者，有可望者，有可游者，有可居者"。金学智在此基础上又加了一条——可养，即身体上和心理上的颐和、修养。

北宋以后，"潇湘八景"（山市晴岚、远浦帆归、平沙落雁、

图2-5 （清）彭旸《竹林七贤图》（上），（北宋）范宽《溪山行旅图》（下）

潇湘夜雨、烟寺晚钟、渔村夕照、江天暮雪、洞庭秋月）风行于世的艺术现象，突出反映了中国传统山水文化对宁静悠远境界的追求，凸显了中国艺术自北宋以来更重视内在心灵体验的过程。和谐的中国山水美学规范，发展到此时，更重视人内在心灵的和谐。

唐宋以来的重神轻形之风，在美学理论上多有反映。文人意识的崛起，更对形似之风形成贬抑之势。欧阳修诗云："忘形得意知者寡，不若见诗如见画。"画要画出神，诗要有言外之味。这可以说是中国艺术重气韵轻形似的最典型的表述。以致到了元代，倪云林强调："吾作画，逸笔草草，不求形似，聊抒胸中之逸气耳。"

宗白华在谈到山水画的意境时说："艺术境界的显现，绝不是纯客观地，机械地描摹自然，而以'心匠自得为高'。尤其是山川景物，烟云变灭，不可临摹，须凭胸臆的创构，才能把握全景。"就好比中国画，画山水并不是坐在一处静止地画，画家要在山水中游，最后挥毫泼墨创作出一幅洋洋洒洒的山水大卷，这正是因为他"胸中自有丘壑"，"意在笔先"。

中国的士人一直有着一种"山水情结"，把欣赏山水看作审美的最高境界，以逍遥山水为人身的最佳境界，在山水中追求一种悠闲恬适的生活。山水间既有高僧大德之足迹，如寒拾亭纪念寒山、拾得，丰干桥纪念丰干，"一行到此水西流"之碑纪念僧一行；也有文化名人的遗踪，如王羲之求学于天台山时所留下的黄经洞、墨池；还有骚人墨客的传唱，如"天台邻四明，华顶高百越"，"南国天台山水奇，石桥危险古来知"。

中国的城市往往与周边的自然山川有紧密的联系，形成独具韵味的"山—水—城"，钱学森先生曾提出把中国古典园林建筑、中国的山水诗词和中国的山水画融合在一起，创立"山水城市"的概念，建造山水城市式的居民区。应该用园林艺术来提高城市环境质量，表现出中国的高度文明。

2.1.5 中国传统园林审美

中国园林有着悠久的历史，是中国文化传统的重要组成部分。

园林是中国人与自然界"和合"的理想状态,人们在山水之间饮酒赋诗,清谈论、游乐忘归、求美畅怀,但士人并没有永远停留在山林之间,而是将山水之美浓缩而成园林。园林成为士人的一种生活方式,一个安顿心灵的精神圣地。

1.古典园林的特点

作为人类文明的产物,城市也是基于自然法则和天然材料创造出的一个人工环境,或曰"人造自然"。园林乃是"第二自然",是为了补偿人们与大自然环境相对隔离而人为创设的。

（1）本于自然、高于自然、夺天工意

中国古典园林有意识地改造,调整,处理和调整构成自然景观的基本要素,如山水、植物等,以代表对自然和典型自然的简洁概括。本于自然而又高于自然体现在造园的筑山、理水、植物配置等方面,这也是中国古典园林的一个最主要的特点（图2-6）。

陈从周说,叠山理水的理想境界是"虽由人作,宛自天开","水随山转,山因水活"。他将叠山与山水诗画相结合,"远山无脚,远树无根,远舟无身（只见帆）,这是画理,亦造园之理"。他认为含蓄是中国园林的一大妙处,而立峰作为匠人打造出来的一件雕刻品,它是抽象的不具体的,如美人峰、九狮山,要细看才像。对于今人游园,他给出的建议则是:"旅须速,游宜缓,相背行事,有负名山。""所谓美感经验,其实不过是在聚精会神之中,我的情趣和物的情趣往复回流而已。"

"翳然林木,便自有濠濮间想也。"美感起于形象的直觉。树木成荫最能让人联想到大自然界丰富繁茂的生态。所以园林植物配置都以树木为主调,但既不讲究成行成列的种植,也非随意参差,往往以三株五株、虬枝枯干而予人以荟郁之感,运用少量树木的艺术概况而表现天然植被的气象万千。源于自然、高于自然是创造中国古典园林的主旋律,目的是获得精致、典型的景观环境,而不会失去自然生态。这种创作又必须符合自然的原则才能赢得天成之趣。

图 2-6 留园冠云峰，被誉为四大江南园林湖石之一，传为花石纲遗石，具"皱、漏、瘦、透"之美（右）；花石纲遗物太湖石瑞云峰，现坐落在苏州市第十中学校园内（左）

（2）建筑美与自然美的融合

中国古典园林，主要在于追求山、水、植物这三个要素的有机结合，使其能够互惠互补、相互协调，突出整体积极一面的同时限制单个要素所产生的对立排斥的消极一面。使得园林能够将建筑美和自然美融合起来，达到一种人工建筑和自然美感高度谐调的境界，即天人谐和的境界。当然，从现存的古典园林来看，要达到这种境界绝非易事，因为追求园林建筑而破坏自然园林的情况是比比皆是的。

从根本上来讲，中国古典园林受到中国哲学、美学以及思维方式的引导，使得古典园林能够将建筑中消极的因素转化成为积极的部分，促使建筑美与自然美能够在相同空间下融糅，而中国传统的木构建筑工艺的本身所具有的特性也为此提供了优越条件。园林建筑虽然数量繁多，但是却处处流露出大自然的气息。这种相互交汇和融合也反映了中国传统文化中"天人合一"的哲学思想，体现了道家对待大自然的"生而不有，为而不恃，长而不宰"的态度。

广州最为典型的海山仙馆（清代道光年间富商潘仕成在广州城西荔枝湾营造的一所私人庭院，有"岭南第一名园"之称），将南方园林风格发挥到极致，海山仙馆选址颇有开创性意义，与四周环境很好地融合到一起，西边是滚滚的珠江水，东为西关民居，北是起伏山冈和碧绿田野，南面则是水面浩瀚的白鹅潭景观，无怪乎张维屏先生述及海山仙馆时，有"游人指点潘园里，万绿丛中一阁尊"的感叹。《海山仙馆·洛阳名园记卷》曾描写富郑公园："南渡通津桥，上方流亭，望紫筠堂，而还右旋花木中，中有百余步，走荫樾亭赏幽台，抵重波轩而止；直北走土筠洞，自此入大竹中。"可以看出，宅园融入大自然已成为其中的一部分。建园者崇尚自然，追求平实，不会过分追求人造流水假山。

（3）诗画的情趣、意境的涵蕴

线条要素不仅是中国画造型的基础，同时也是中国园林艺术之中建筑的根本。中国的风景式园林相比起英国自然风景式园林会显得更具丰富感，并且更突出线条的造型美：各种线条统摄园林设计的整个构图，建筑轮廓起伏的线条、坡屋面舒卷柔和的线条、石山棱角分明的线条、花木枝干虬曲的线条等，融合成了有机的整体，犹如各种线条勾画出来的山水画面一般，为园林如诗如画的景色增添了不少意境（图2-7）。

图2-7 耦园以黄石假山闻名

中国园林在植物配置方面既追求整体姿态和线条方面的天成自然之美，同时也喜好呈现绘画的诗意之趣，尤为讲究园林建筑的体态之美、色香清隽，注重整体构图的象征寓意，具有细品鉴赏的乐趣。因此，园林建筑中所选择的树木花卉多受文人画所标榜的"古、奇、雅"格调的影响。

园林建筑的外观附有一种画意之美，露明的木构件和木装修、举折起翘的坡屋面表现出明显的线条美，而木材的髹饰、砖石瓦件的辅助则使得建筑更显色彩美和质感美。

园内的动观游览路线主要采用空间的划分和组合的方式，通过对园林构景要素的空间顺序进行曲折迂回的路线贯穿，而并非简单的平铺直通。构景要素的序列安排是前奏、起始、主题、高潮、转折、结尾，通过整体的协调统一和融合，形成内容丰富多，浑然一体的自然空间，彰显了犹如诗一般的美感和严谨。为加强空间序列中诗画的韵律感，往往还会在空间上运用一些对比、悬念、欲抑先扬以及欲扬先抑的手法，使得整体构架让人身临其中，合乎情理而又出意料。

意境是中国艺术创作和欣赏中极其重要的元素和审美范畴。

从字面含义上来讲，"意"代表着人的主观思想和情感，而"境"则指的是客观的生活、环境和景物。这两者的结合往往在人为创作艺术中将自身的情感、思想融入客观的生活环境和景物中，从而引起鉴赏者在欣赏时所产生的共鸣和情感理念的联系。

对联和匾额既是诗歌和园林艺术最直接的结合，也是园林创作和艺术表现的主要手段，一般建筑的楹联是文人墨客从不轻易放弃的舞文弄墨的创作天地。因此，园林内的重要建筑物上一般都悬挂匾和联，作者通过文字来借景抒情，同时点明了此处景观的精粹所在，使得游人能受其情感的感染，思绪联翩。对于一些园林内所使用的优秀的匾、联等作品尤为如此。

在文字的引导下，游客不仅可以通过视觉感受，还可以通过听觉和嗅觉的感知，了解有关园林景观的信息。"景、味、声"的融合使得游人能够入情入景，引发意境的遐思。曹雪芹笔下的潇湘馆，那"凤尾森森，龙吟细细"更是绘声绘色，点出此处意境的浓郁蕴藉了。

2. 园林美的物质建构和精神序列

中国古典艺术中非常重要的鉴赏要素和美学范畴是"得神而遗形"。中国古典园林是集不同艺术品于一体的综合性艺术品，它之所以能作为众多艺术品的集合体，主要在于园林美的物质生态建构序列和园林美的精神生态序列，如凝聚着田园生态、宗教影响、政治、伦理等意识心态积淀的社会人文之美（图 2-8）。

园林欣赏与山水画欣赏的本质区别在于，一个是客体，一个是三维现实的存在，它不仅给游者的生理带来欢乐，而且也给人情绪上的满足。所以，虽然审美体验的直接目的不是培养气质，但它具有培养气质的功能。

我们能够从《三辅黄图》的描写中窥见阿房宫的规模："规恢三百余里，离宫别馆，弥山跨谷，辇道两属，阁道通骊山八百余里，表南山之巅以为阙，络樊川以为池。"由此可见，建筑如亭、台、楼、阁、回廊等，在园林中占有很大的面积，也奠定了后世建筑在园林中的重要地位。

汉宝德说："中国园林之异于世界各国者，正是上林苑中所追求的一些价值，影响后世的缘故。因此，秦汉的宫廷园林史就是我国园林的第一章。"

在明代之后的园林，需要对联、匾额、辞赋等文字，来弥补造境之不足。苏州的拙政园内有两处赏荷花的地方，一处得之于周敦颐咏恋的"香远益清"取名"远香堂"，另一处出自李商隐"留得残荷听雨声"取名"听留馆"。一样的景物由于匾题的不同却给人以两般的感受，物境虽同而意境则殊。

环境是一项自然活动，包括人类活动，也是人们可以生活和体验的一种自然空间。人与环境的融合，环境不再是人的外在形象，而是人可以体验的过程，这是一个动态的过程；人们不再是大自然的主人，但它是环境的一个组成部分。

图 2-8　苏州耦园外，人家尽枕河（上），拙政园名列苏州名园之首（下）

2.2

中国古道

随着中国历史上生产力的发展和对文化交流、生活条件的日益增长的需求，许多充满线性规划哲学，反映人与自然和谐的中国古道相继出现。兴起于汉朝而兴盛于唐朝的海上丝绸之路，在明清时期繁荣的茶马古道，都是古人开创了自然山海道路成为著名的商业和贸易大道；奠定了隋唐、明清都城繁荣景象的南北大运河，也是连接河网的"绿道"的雏形；"一骑红尘妃子笑"的马道、兴盛于唐代的"驿道"，以及出现于明清的"官道"等，都是祖先在绿色山林之中，或沿着河流溪流开辟出的条条"古道"，他们都遵循风水气脉的趋势，促进了公众的出行，并联系当地的习俗和文化经济，同时对当地政权维护和管理大有益处。

绿道的意义在于探索通向理想生活的道路，它是理想宜居未来的启发和推动，并根据"天人合一"中国古道体现了中国民族在一定历史时期的生态环境和沟通智慧。

2.2.1 中国古道的理念

道法自然：人的活动（人道）要遵循地球的规律（地道），而地球又要遵循宇宙的规律（天道），而本身的规律就是"自然而然，自行其道"。道者，自然之理"人法地，地法天，天法道，道法自然"。人类最原始的自然观也是古道规划设计最基础的指导思想。

外师造化，中得心源：规划设计师应以大自然为师，但自然的美并不能够自动地成为艺术的美，对于这一转化过程，规划设计师的内心情思和构设是不可或缺的。

迁想妙得："迁想"指的既是由此一物象联想到另一物象，将自己独有的思想感情"迁移"入对象之中，与对象融合，通过规划设计师的深刻认识，充沛的感情和丰富的想象，"迁想"达到主客观统一，才能"妙得"对象的神韵气质。

2.2.2 古代城邦规划与古道

我国种植行道树始于西周。《国语·周语》说："列树以表道。"

《周礼·野庐氏》载，周代政府设置野庐氏官"掌国道路于四畿，比国邻及野之道路宿息并树"。道路的绿化对道路的利用有利：树冠有遮阴蔽日、调节气候的作用；树根有巩固路基，保护道路工程的持久运行的作用。

秦始皇统一六国后，建立了多条从咸阳通往齐、楚、燕、吴等地的道路。"为驰道于天下，东穷燕齐，南极吴楚，江湖之上，濒海之观毕至。道广五十步，三丈而树，厚筑其外，隐以金椎，树以青松。"据《汉书·贾山传》中记载，这些大道两侧，每隔三丈即"树以青松"，蔚为壮观。

汉朝首都长安的街道多栽梓树、槐树和桐树，一到夏季，绿树成荫。北魏都城洛阳的道路绿化以槐树、柳树为主，南朝梁简文帝萧纲有诗赞道："洛阳佳丽所，大道满春光。"

魏晋时期，行道树开始标示道路的里程，"一里种一树，十里种三树，百里种五树"。"王猛整齐风俗，……自长安至于诸州，皆夹路树槐柳。"《邺中记》书中载："襄国邺路千里之中，夹道种榆。盛暑之月，人行其下。"

唐时，长安街道两旁种植有榆、柳、槐等树种。长安朱雀门到承天门的街道两侧因植有不少槐树而被人们称作"槐街"或"槐衙"，王维曾有诗句："俯十二兮通衢，绿槐参差兮车马。"政府也多次颁令鼓励全民植树。永泰二年（767年），唐代宗下令"种城内六街树"。

樱桃树、石榴树、柳树等栽植于北宋东京城中。元世祖规定大道每隔两三步要植树一棵，可见元代更加重视种树。《马可波罗游记》中载，忽必烈"命人沿途植树"，"大汗还命人在使臣及他人所经过之一切要道上种植大树，各树相距二三步"。

历朝历代的古人都把植树作为评估官员成就的标准之一。唐朝的柳宗元不止以诗而闻名，也因道路绿化而名垂史册。唐开元年间袁仁敬守杭时，于西湖往灵隐、天竺必经大道沿途栽植青松，后世称九里松（图2-9）。宋朝蔡襄任福州知府时，下令各州县大搞道路绿化因而有功，被闽中民谣称赞："夹道松，夹道松，问谁栽之我蔡公。行人六月不知暑，千古万古摇清风。"清时，左宗棠

图 2-9　九里云松图

率部收复新疆时，凡有水源的地方都要在路旁栽柳树。至今有些依然存活，人称"左公柳"。

2.2.3　河流防护与古道

早在夏代，禹就开始治水，形成了沿江河布局和建设城镇的思路，农牧业生产条件得到改善。这时候，河流的主要作用是为了方便生产和生活以及提供运输。

河流保护思想为中国古代城市和文明的发展奠定了重要基础，虽然河流在古代交通运输功能中扮演着重要角色，并没有像当代绿道一样具有娱乐和休闲目的，但古代河流域的绿道已具有生态保护的作用。当人类改造自然时，他们遵循自然法则种植树木，从而使人类文明向前迈进。

周代，在城市布局和建设思想上，已经能够顺应自然条件，充分利用天然的山川和河道建造城墙和城壕，制定了第一部沿着城壕外围植树的法律。并且设立了最早的森林资源管理机构——山虞和林衡，同时，建立了比较完善的管理制度。负责城郭沟池之植树有掌固，"掌修城郭沟池树渠之固，……凡国都之境，有沟树之固，郊亦如之"。

著名思想家管子已认识到沿河岸造林能加固土壤，防止洪水侵袭。

古代齐国人在黄河沿岸修建了一座长堤坝，在大坝上种植灌木和高大的杨树、柏树，形成防护林带，用来巩固堤坝。《管子·度地》记载："树之以荆棘，以固其地；杂之以柏、杨，以备决水。"这种由灌木和树木组合而成的多层堤防林带，给中国堤防保护带的大规模建设打开了大门。

隋炀帝在修京杭大运河同

图 2-10 《清明上河图》中汴河
两岸绿化（左）与《苏
堤春晓图》（右）

时，运河两岸筑起御道，据《开河记》载，隋炀帝亲自种柳，赐柳为杨，并动员百姓在运河两岸植柳，凡在河堤上植柳者，成活一棵即奖励丝绢一匹（"柳一株，赏一缣"）。不久以后，以洛阳为中心，北到涿郡（今北京）南至余杭（今杭州）的运河绵延达4000余里，宛若绿色长廊。

北宋建隆三年（962年），宋太祖赵匡胤下诏："缘汴河州县长吏，常以春首课民夹岸植榆柳，以固堤防。"宋代陈尧佐为河南知府"徙并州，每汾水暴涨，州民辄忧扰。尧佐为筑堤，植柳数万本作柳溪，民赖其利"。元祐四年（1089年），苏轼在杭州任官时，"取葑田积湖中（指西湖），南北径三十里为长堤，以通行者……堤成，植芙蓉杨柳其上，望之如画图。杭人名为苏公堤"。重和元年（1118年），宋徽宗又下诏："滑州、濬州界万年堤，全藉林木固护堤岸，其广行种植，以壮地势。"

北宋科学家沈括认为当人们砍伐前人种植的树木后，洪水就会侵袭粮田与人类生活区域。在其所著《梦溪笔谈》中记载了沿杭州钱塘江河岸种的10多排树木："钱塘江，钱氏时为石堤，堤外又植大木十余行，谓之滉柱……而滉柱一空，石堤为洪涛所激，岁岁摧决。盖昔人埋柱，以折其怒势。不与水争力，故江涛不能为害。"后来人们为获得木材将树木砍伐，导致石堤被波涛冲击，年年都被摧垮。反映出沿河绿道对于防洪的重要意义（图2-10）。

2.2.4 古代交通网络与古道

在古代中国，交通的发展，主要是基于道路运输和内河水运，交通建设由于生产力的制约，受到自然地理条件的限制。因此，我国道路交通的发展规模与方向，和基本的分布格局很大程度上受到我国自然地理条件影响。中国古代交通网络的发展阶段拥有超过 2000 多年的历史，是重要的基础阶段。

1. 先秦时期的初步发展

西周时期，道路规模和水平得到很大发展，道路系统得到改善。在西周时期，都城称为"国"，此外也出现了小城市称为"邑"。道路通达在都城和邑之间，在邑和邑之间，从此，创造了一个以首都为中心的古老道路网络。同时周朝，水运也有了进一步的发展，水路交通除了利用自然河道之外还开始开凿运河。

春秋战国时期，在中原地区已开辟了许多交通道路，比如"午道"。吴国开挖青河，并在公元前 468 年，又建设了沟通江淮的邗沟。这条运河全长约 150km，它开通后极大便利了南北航运，也成为现在京杭运河苏北段的前身。

到了战国时期，为了加强战略地位秦国修建了南、北栈道。公元前 361 年，魏国挖掘鸿沟，连接黄河和淮河，至此，中国东部已形成以黄河、淮河、长江、济水为骨干的内河航道网络。

2. 秦朝

列国王侯割据，不能形成一个全国性的公路网，道路的发展是局部的。"车同轨"法令在秦朝统一中国后开始实施，并按统一标准规划与修建全国性交通干线——"驰道"（驰道宽 50 步约相当于今 6.9m，约隔三丈合今 7m 栽一棵树，用来计算道路的里程。路中央三丈为皇帝专用，路两边还开辟了人行旁道。每隔 10 里建一亭，作为区段的治安管理所、行人招呼站和邮传交接处）。驰道的建设促进了全国各地的经济文化交流，缩小了地区之间的差距。

为抵御北方匈奴，在公元前 212 年至公元前 210 年的两年间，秦始皇下令修筑了长达 1800 里（约今 750km）的直道。直道起自今陕西省淳化县，北至今内蒙古自治区包头市。建成后的直道宽度一般都在 60m 左右，直道也成为贯通南北的大动脉，一直沿用到唐代。

3. 汉代

西汉不断拓展和扩大秦朝原有道路上，通道连接全国所有地区和城市，构成以长安为首的国家公路网络。

据《汉书·百官公卿表》载，西汉时全国共有（驿）亭 29000 余个，干道近 14 万 km。武帝重视西南开放道路，开辟了夜郎路、灵关道、褒斜道、子午路等。在西北地区，建立了一条重要道路回中道，以沟通今陕、甘、宁地区。虽然东汉时期定都洛阳，但国道网络并没有太大的变化，新建道路主要通往北部地区的飞狐道、通往五岭以南的交趾道和湘南娇道等。

西北干线始终最为重要，张骞出使西域后，由河西走廊到西域诸国，成为家喻户晓的"丝绸之路"。

战国时期，北方边塞之地多植榆为围栅。秦统一中国，北逐匈奴，收复河套地区后，在这里栽植很多榆树，"累石为城，树榆为塞"即一个罕见的防御工程，由砖石和木头组成。由砌体长城的扩建和扩建形成的榆树防护林是世界人造防护林发展史上的第一个（图 2-11）。

4. 隋代

虽然隋朝的历史很短，但它是中国古代有更多开放道路的朝代之一，国家道路是基于前一代王朝的旧基础，主要在大运河沿岸修建御道和道路。公元 605 年，隋炀帝开始建造中国历史上最著名的南北大运河，便于控制国家的政治和经济。同时在运河沿岸修建了道路，称为"御道"，御道与大运河长度相同，由此形成了我国第一条综合运输通道。

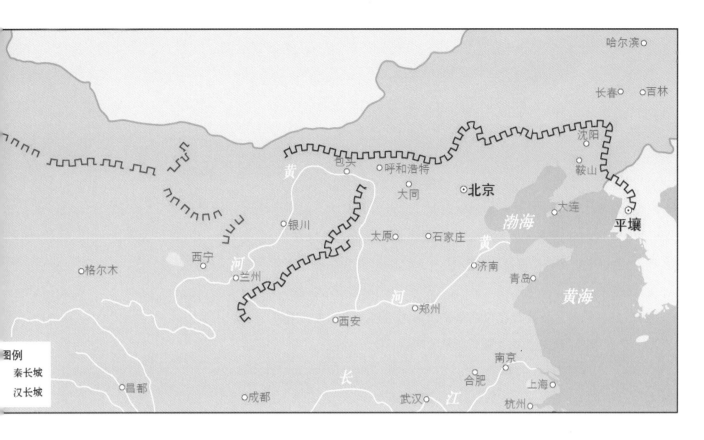

图 2-11　秦汉长城遗迹分布

5. 唐代

唐代时，两京汴梁路，交通最为繁忙，是东西交通的大动脉，作为全国的第一条"大路驿"，繁华时期两京相距 860 余里，其间共设置驿站 35 所。

公元 716 年开通了大庾岭至广州的 800 里梅关道，成为连接今江西、广东、浙江和江苏的交通路线，变成唐代通往海外的重要贸易路线。

唐贞观年间，中原王朝与吐蕃（今印度、尼泊尔）关系密切，逐渐形成"唐蕃古道""南诏道路""石门道""清溪道"等。

6. 元代

元代初，大运河长达约 1800km。京杭大运河开通后，它在南北交流中具有不可替代的作用，特别是京杭大运河漕运非常繁忙，每年运输粮食 500 多万担，其沿岸的济宁、临清、通州、河西等地商业发达，成为一时著名的经济都会。

7. 明代

明代时期，政府设两京、十三布政使司，统辖全国。其间，全国道路网基本承袭了元代时期的道路网，并重点对西南、东北和西北等地区的驿道进行了改善和开拓，从而形成了先以南京、后以北京为中心的全国道路网体系。

明朝是最后一个大修长城的朝代，长城凝聚了我国古代人民的高度智慧。长城主要分布在今北京、山西、陕西、内蒙古、吉林等 15 个省市区，尤以陕西长城资源最为丰富。

8. 清前、中期

清代晚期，道路网系统被分为三等，即"官马大路"，民间称之为"马路"。在这一时期，清代道路建设基本以驿道为主，变化不大。

在内河水运方面，清朝也承袭了元、明两朝的大运河，其仍然是我国南北交通的主要通道（图 2-12）。其间，为使黄、运分离，康熙年间修凿了中河。

图 2-12 运河（局部），原载清雍正年间刻《行水金鉴》

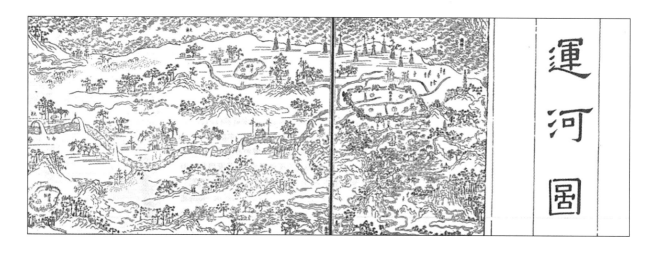

2.2.5　古道的多功能发展

　　一代代众多的旅行者南来北往，东来西去，形成了许多著名的古道。这些古道曾经对我国古代的区域间生态保护、经济流通、商业发展、文化传播、军事保障等方面都起着非常重要的作用。古道的多功能首先体现在自周穆王、秦始皇开始的帝王巡游，一代代帝王通过古道巡游天下，体察民情，赈灾，祭天，甚至追求长生不老。不仅极大促进了自上而下的官道的开辟和建设，而且还诱发了民众自下而上开拓乡野山水道路。促进了更多的名山大川风景区等沿途景点的形成和串联。其次古道是中华文化的原创精神，它可以分为制度、人文、规律、境界几个层次。求道悟道，是中国传统思维的特征和优势。中国古道逐渐由单一功能向多功能的历史演绎，承载了文化传播、民族交流、经济往来、政治融合、环境品质提升等多种复合功能。

　　西周时，周王在边境线上设有 12 个关卡，也许是中国最早的关卡。为过关卡，西周时期国人迁徙或外出旅行时，必须事先申领"符传"。这是中国古代最早的旅行身份证。

　　秦始皇登基 12 年多次巡视天下、封禅祭祀、追求长生不老，如泰山、会稽、琅邪、碣石等（图 2-13）。汉武帝登山临河，尤敬鬼神，祭祀名山，我国著名的"五岳"制度就是在汉武帝时期开始形成的。修路，汉武帝也不遗余力。如《史记·平准书》记载："汉通西南夷道，作者数万人，千里负担馈粮，率十余钟致一石，散币于邛僰以集之。数岁道不通，蛮夷因以数攻，吏发兵诛之。悉巴蜀租赋不足以更之。"

　　唐朝，为了能吃到新鲜的荔枝，又专门开辟"荔枝道"。荔枝道因其传奇的色彩，声明颇大，但由于经济和地貌条件的制约，其仅仅只是一条次要的道路。

　　玄游山水、会意风景是魏晋南北朝文人极力推崇的高情远志、名流风范。不喜俗务，清淡玄虚，中意自然山水，形成了一种旨在参悟玄机、印证玄理和陶冶人的自然之情、自然之性的游山玩水热潮。因佛教而起的旅游——佛游，主要有两种活动：一种是

图 2-13　秦代交通道路

为传经；另一种是为居静休闲，清谈佛理。

隋唐时期，各种各样的人物，如帝王、后妃、官吏、将士、文人、骚客、画家、书生、商贾、幕僚、和尚、道士……由于巡行出使、探亲、传教、贬谪、流寓、聚乐、闲适、干谒等种种原因，纷纷迈开双脚，跨上骏马，扬起桅帆，从自己的官苑兵营、私第公廨中走出来，奔走于异邦他乡、边关塞上、通都大邑、高山大川、名胜古迹。

晚明时期，中国知识分子走出了儒家经学的传统，致力于科学实验和科学研究的实践，这导致了强调科学技术，实事求是，以实用为目的的实践理念的发展。在这种思潮中，出现了李时珍、潘季驯、徐光启和徐霞客等的科学考察之旅（图2-14）。

中国古道的发展极大程度地促进了自上而下的官道的开辟和建设，而且还诱发了更多的民众自下而上开拓乡野山水道路。这些道路与官道相通和接驳，并促进了更多的诸如名山大川风景区等沿途景点的形成和串联。遍布中国大地的千年古道开始了由单一功能向多功能的历史演绎，承载了文化传播、民族交流、经济往来、政治融合、环境品质提升等古道的多种复合功能。

图2-14 西湖全景（明崇祯六年墨绘斋刻本《天下名山胜概记》插图）

2.2.6　古道的分类

中国古道分类如表 2-1、图 2-15 所示。

中国古道分类　　　　　　　　　　　　　　　　　　　　　　　　　　　　　　　　　　　　　　表 2-1

类型	时期	名称	功能	长度	种植	现存情况	景观特征
林荫街道	周朝	成周街道	树冠有利于遮阴蔽日、调节气候；树根有利于巩固路基，保护道路工程的持久运行	—	青松	不存在	颁布了沿城壕外围必须植树造林的第一部法律
	汉朝	长安街道		—	桐树、梓树和槐树等	不存在	"一里种一树，十里种三树，百里种五树"
	唐朝	长安街道		—	槐、榆、柳等	不存在	"俯十二兮通衢，绿槐参差兮车马"
	宋朝	东京街道		—	柳树、石榴树、樱桃树等	不存在	《清明上河图》可看到，不管是郊外的道路还是繁华都市内的街道两边，都是绿树成荫
	元朝	大都街道		—	槐、榆、柳等	不存在	元世祖规定大道每隔两步要植树一棵
官道	周朝	周道	中央政府与地方的各种政务、经济、军事等公文信息传递、物资运输、军队调动、军队后勤补给和官员出差、调任与巡视	—	松柏	不存在	开创了我国古代以都城为中心的道路网络
	秦朝	驰道		17920 里	青松	少量遗迹	"道广五十步，三丈而树，厚筑其外，阴以金椎，树以青松"
	秦朝	直道		1800 里	青松	少量遗迹	
	汉朝	飞狐道		300 余里	桐树、梓树和槐树等	不存在	东汉修筑，沿路堆石布上，筑起亭障
	隋朝	御道		4000～5000 里	柳树	不存在	沿大运河沿岸修建，我国第一条长、大综合运输通道
	唐朝	两京汴梁路		865 里	槐、榆、柳等	不存在	是东西交通的大动脉
驿道	秦朝至明朝	翠云廊	从中央向各地传递谕令、公文，官员往来，运输物资，并在沿途设有驿站	300 里	柏树	保存完好	林木茂盛的林荫古道，是迄今为止世界上最古老、保存最完好的古代绿道
	唐朝	梅关古道		800 里		部分遗迹	铺满鹅卵石的古驿道，沟通赣粤南北交通
	唐朝	南诏古道				少量遗迹	开山凿石、架设编梁桥阁，共设驿舍 32 处，为后世从四川往云南的主要通道
商道	汉朝	丝绸之路	商品运输与贸易，和亲纳贡，文化交流	7000 多公里		部分遗迹	穿越山川沙漠且没有标识的道路网络
	唐朝	茶马古道		3000 多公里		部分遗迹	先民开拓自然海路和山路成为著名商贸大道的典型
	唐朝	唐蕃古道		3000 多 km		少量遗迹	唐代以来中原内地去往青海、西藏乃至尼泊尔、印度等国的必经之路
军道	秦朝至明朝	长城	军事防御	2.1 万 km		现存遗迹主要为明朝修建	一种很长的墙体防御建筑，或形式和墙体相近、防御性质和墙体一样的防御建筑
	战国至西汉	榆林塞			榆树	不存在	"累石为城，树榆为塞"，即砖石与林木双管齐下的一项史所罕见的国防工程

续表

类型	时期	名称	功能	长度	种植	现存情况	景观特征
登山道	春秋	泰山道	游人登山，各景点间联系	6.4km	苍松翠柏	保存完好	保存三座"天门"为序列主题，气势宏大，布局紧凑
	春秋	华山道		10km	华山松	保存完好	以险著称，登山之路蜿蜒曲折，到处都是悬崖绝壁，有"华山一条路"之说
栈道	秦朝	秦蜀栈道	政治统治，交通运输，军队调遣	4000km		部分遗迹	在悬崖绝壁上，凿岩成道或凿孔架木，作栈而行
	秦朝	五尺道				少量遗迹	山势险峻仅能凿成五尺宽的路
水道	秦朝	灵渠	水路交通，粮草运输，军事作用，帝王巡游，文化交流	40km		保存完好	贯通了珠江流域和长江流域的水运交通
	隋朝	大运河		2700km	柳树	后世多次修建，形成现存的京杭大运河	沿大运河种植大量的柳树
	宋朝	钱塘江			柳树	不存在	沿钱塘江河岸种植了10多排树木

图 2-15　中国古道分类

2.2.7　中国古道理念下杰出案例

1. 剑门蜀道"翠云廊"

举世闻名的剑门蜀道"翠云廊"的形成，经历 2000 余年，在川西古蜀道上先后开展 7 次大规模的行道树种植与维护。自秦代开始（公元前 221 年），至明代正德年间（1518 年），形成了现今随着古栈道、驿道延伸，林木茂盛的林荫古道，也是迄今为止世界上最古老、保存最完好的古道。

笔者实地考察了翠云廊现状，目前剑阁县在 5·12 汶川特大地震后，对翠云廊景区进行了提质扩容建设。景区中保留有大量古柏，随着时代的变迁与发展寺庙及村庄依托古柏进行了一些建设，占用了一定廊道空间，目前古柏亟须加大保护力度（图 2-16）。

广义的翠云廊，分为西段、北段、南段，是指以剑阁为中心，西至梓潼，北到昭化，南下阆中的三条路，在这三条蜿蜒三百里的道路两旁，全是修长挺拔的古柏林，号称"三百长程十万树"。据统计，剑门蜀道现有古柏 12351 株，有规律地分布在 344 里的驿道两旁，其中剑阁境内 7886 株，梓潼 496 株，昭化 144 株，阆中 17 株，南江 3808 株，可见，主体还是在剑阁境内（图 2-17）。

图 2-16　翠云廊古柏空间被城市建设占用

翠云廊得名于清初剑州知州乔钵的诗。"剑门路，崎岖凹凸石头路。两行古柏植何人？三百里程十万树。翠云廊，苍烟护，苔花荫雨湿衣裳，回柯垂叶凉风度。无石不可眠，处处堪留句。龙蛇蜿蜒山缠互，传是昔年李白夫，奇人怪事教人妒。休称蜀道难，莫错剑门路。"从此，"翠云廊"这个充满诗情画意的名字便成了这段金牛古道的雅名。

周朝：社者，既是土地之神，又是古代基层组织，古社柏即古代祭祀土地和谷神的场所。以柏祀天，以道为绿廊。西汉《礼记》载："尊者丘高而树多，卑者封下而树少。"《论语》："哀公问社于宰我。宰我对曰：'夏后氏以松，殷人以柏，周人以栗，曰，使民战栗。'"

翠云廊揭示了中国古道的特点：道法自然、中得心源、迁想妙得。从字面上理解，"翠"为翠色欲流，形容绿到了极致，好像就要流淌出来一样；"云"则代表群体的叶片绵延如云，抽象成仙境；而一个"廊"字，更加体现了这条古道的多功能性，既是交通廊道，同时也是生态廊道、风景廊道。无疑"翠云廊"是这条古道最优雅的诠释（图 2-18）。

唐代杜牧《阿房宫赋》有载："六王毕，四海一，蜀山兀，阿房出。"可见当时为了修建阿房宫，将四川山上的树木都砍伐净尽。但是翠云廊古柏能存至今日，与历代严令保护生态、植树有很大关系。秦汉至唐就设有专人管理，到了北宋又颁布了管理行道树条例，据《宋史》记，南宋时还发布了"禁四川采伐边境林木"的诏令。明代又有"官民相禁剪伐"的政令。史载明正德年间，剑州州官在交接任时，相互要清点行道树，把植树护路的情况作为一项政绩来考核，作为升迁的重要标准之一。清代官府还常派差役沿路巡察护树情况。历代官民的保护，"三百里程十万树"的景致才得以形成，也正是历代保护措施的实行，才使翠云廊古柏延年益寿，更加生机盎然，茂盛苍翠。当时的翠云廊可以说兼顾了古道的多样功能，包括经济、商业、文化、生态保护和军事等。

图 2-17　翠云廊古柏省级自然保护区、剑门蜀道国家级风景名胜区

图 2-18　翠云廊

翠云廊7次大规模行道树种植记录表　　　　　　　　　　　　　　　　　　　　　　　　表 2-2

历史时期	种植活动
秦朝	据林业专家考证，现翠云廊沿线树龄 2000 多年的古柏，应为秦朝所植，秦始皇为大量取木影响环境而下令植树造林
蜀汉	张飞当年为巴西（今阆中县）太守时，令士兵及百姓沿驿道种树
东晋	道教兴起，人们重视风水之术，大量栽植"风脉"树
北周	时人为计里程，每一里种树一株，以一里一树计算里程
唐代	杨贵妃喜欢吃川南荔枝，为保持荔枝鲜味，令百姓沿途种植柏树
北宋	宋仁宗诏令："沿官道两旁，每年栽种土地所宜林木。"
明代	明正德十三年（1518 年），李璧任剑阁知州，对官道进行整治，补植柏树

2. 黄山皮蓬古道

　　黄山登山古道，位于黄山风景区内，是连接黄山各景区，景点的重要步道。沿途分布有慈光阁古建筑群、摩崖石刻群、古观景亭、观瀑楼及听涛居等省级重点文保单位。海拔高度约 1800 余米，长度约 33.5km，有石阶 3.6 万级。

　　明万历三十四年（1585 年），普门禅师来到黄山，创建法海禅院，普门在歙人潘之恒等人的帮助下，开山修路，四条简易登山盘道由此形成。随后众多僧侣慕名而至，打造了黄山寺庙香火最为鼎盛的时期。

　　目前仅黄山市现存已发现的传统古道就有 10 条，包括箬岭古道、大洪古道、霞客古道、灵山古道、徽安古道、徽昌古道、徽池古道、徽浮古道、徽泾古道、黄山登山古道。

　　黄山皮蓬古道：皮蓬原名兜率庵，是黄山众多寺庵中之一。又名云舫，是清画僧雪庄的居所。笔者实地考察时，此古道还在修复中，未对外开放。

　　雪庄 ❶ 在《黄海云舫图》以及题跋中描绘了云舫的状况，"云舫皆因屋似船，晴浮银浪景无边"（图 2-19）。据《黄山志》记载，明崇祯年间僧一心建设该遗址。庵宇以杉树皮盖顶，故名皮蓬。

图 2-19　雪庄《黄山云舫图》

❶　雪庄，名释传悟，号雪庄，康熙二十八年（1689 年）九月年来到黄山，长居于云舫，后人以"云舫大师"尊称。其画作将山峰的艺术形象与佛僧结合起来，将佛教审美与黄山审美形象的表达结合起来。

图 2-20　黄山皮蓬古道

皮蓬古道长 364m，石阶 654 级，宽 1m 左右，是联系云谷景区和北海景区的纽带。沿途跌宕起伏、蜿蜒曲折，充满了历史的味道，沿途能欣赏仙人指路、炼丹峰、金炉峰等景点（图 2-20）。

3.昆明西山龙门古道

昆明西山龙门悬崖南至达天阁，北起三清阁，是云南最大、最精美的道教石窟。清代乾隆年间，吴清来道士为修炼苦行，方便众生，用了 14 年的时间凿通了从三清阁到石室，又从石室到慈云洞这两段石道。龙门地势高而险，壮而厅，上接云天，下临绝壁，被称为西山之绝（图 2-21）。

笔者实地深刻感受到黄山皮蓬古道与西山龙门古道都从物质形态的道，升华为精神层面的"道"，遵循普度众生，讲求对自我的修行，以一己之力修出了人走的道路，这是一种开拓之气，一种坚强的意志力和信仰，身体力行地实现了"天人合一"的境界。

图 2-21 昆明西山龙门古道

2.3 从古道到绿道

清朝以前由于受当时生产力发展水平的局限，人类主动干预的基础上形成的这些古道并没有对当时的生态环境和生物多样性造成比较大的影响和破坏。因此，除了在堤坝建设中主动预留鱼类洄游的鱼道等人工生态廊道之外，并没有在古道中，发现有更多生态功能型的现代绿道设置。但是，中国古道在形成和修建管养的过程中，自古以来就秉承了尊崇自然、顺应自然的思想和技术，诸如我们在秦驰道里看到的用"丈树"计算里程，与同时期罗马古道用"竖石"计算里程有着本质的区别。

清代和中华民国是中国自然灾害频繁发生的时代，自然灾害与生态环境密切相关。孙中山先生对此极为关注，提出了传承中国传统生态智慧、受岭南文化的浸染和熏陶又融合了西方科学思想之精华的重视预防减少自然灾害与植树造林的林业环保思想。

新中国成立后"园林化"取代"绿化"成为更高的目标追求，"绿化"成为"园林化"的基础。面临生态环境严峻的形势，"植树造林，绿化祖国，造福后代"成为绿化祖国的战略性思路。另外与改革开放政策并行的可持续的科学发展观，在环境提升方面的实践以林业为主体，强调大规模植树造林，不留裸露的黄土，以此抵挡自然灾害，并改善生产生活环境，实现"三生共赢"。更多的荒山变青山，城乡一体化发展、滨水空间的优化提升等行动，都为后续绿道的规模化革命实践提供了现实基础。

2012 年首提"美丽中国"，将生态文明纳入"五位一体"总体布局。生态文明是建设美丽中国的美好蓝图，也是实现永续发展的根本要求。人类文明发展的一个新的阶段是生态文明。《珠江三角洲绿道网总体规划纲要》的提出，促使珠三角九市乃至整个广东开始了绿道建设。自珠三角绿道全线贯通使用以来，全国所有省（自治区）市专门到广东考察、学习绿道规划建设的经验与成效。绿道是美丽中国、永续发展的局部细节，成绩很显著，符合党的十八大精神。在地方实践的推力下，我国绿道发展与实践在空间分布上快速多样化发展。绿道研究与绿道实践紧密联系，绿道的实践包括北京、四川、江苏、浙江、福建、陕西、广西等多个省市，中国的现代绿道研究和实践逐步与国际接轨。

中国绿道的实践证明，绿道促进了可持续发展，一是有利于生态保护，二是有利于人民的身体健康，三是有利于保护和利用自然和文化遗产，四是有利于创造就业，五是有利于能源减排，六是有利于缓解交通拥堵，七是促进体制和技术创新。总之绿道在生态文明的建设中起到了不可替代的作用，绿道推动了生态文明建设。

从中国绿道思想溯源来看，唯有崇尚自然的生态哲学、山水诗画的朴素审美与植林园艺、建筑艺术的结合，才能促成中国大地的特色绿道。孙筱祥先生曾经提出园林设计师的"五条腿"，即要同时成为一位诗人、画家、园艺学家、生态学家和建筑师。所以从某种意义上来说，中国绿道思想和古道发展更多体现的是中国传统文化尤其是中国风景园林文脉的传承与发展。

研究中发现，从周代开始至清末的中国建制道路系统里，包含了丰富的类型和体系。从现代绿道的表现形式和构成分析，我国历史上存在的，甚至有很多保留至今的这些古道通廊，在其形成、发展的过程中，附着了中华文明生态哲学和艺术价值观发展的时代烙印，以及社会生产和人民生活水平、方式的发展脉络；顺着这些脉络的发掘，得到了一些共同点，也可以归结为类似于现代绿道的基本特征：

（1）尊重并顺应自然；

（2）道路结合绿化；

（3）连接各类功能地块；

（4）多功能复合；

（5）自上而下与自下而上结合的建设模式；

（6）非机动交通功能。

因此，我们把符合以上特征的古代商道、官道、军道、郊游道、登山道、文化交流道、水道、林荫街道等古道理解为最接近现代绿道。

从古道到绿道可以划分为思想萌芽、发展潜伏、基础建设和规模实践等四个时期。

思想萌芽期（从周代开始至民国以前）：从中国绿道思想萌芽

来看，唯有崇尚自然的生态哲学、山水诗画的朴素审美与植林园艺、建筑艺术的结合，才能促成中国大地的特色绿道。

发展潜伏期（民国时期）：孙中山先生提出了传承中国传统生态智慧，提出将每年清明节定为植树节，在《建国方略》中为广州勾画出"花园城市"的蓝图，"要造全国大规模的森林"。

基础建设期（中华人民共和国成立后至党的十七大前后）：毛泽东同志要求在空山荒地上、沿河两岸及大路两旁、旷场空地种树造林，提出"大地园林化"的要求；邓小平同志号召"植树造林，绿化祖国，造福后代"；与改革开放政策并行的可持续的科学发展观，强调改善生产生活环境，实现"三生共赢"；2009 年《珠江三角洲绿道网总体规划纲要》的提出，促使珠三角九市乃至整个广东开始了绿道建设。

规模实践期（党的十八大前后）：自珠三角绿道网贯通使用以来，全国所有省、市、自治区都规划建设了不同规模和各具特色的绿道；习近平同志视察广东时指出，绿道成绩很显著，符合党的十八大精神，是美丽中国、永续发展的局部细节；全国共计有277 个城市公开提出绿道发展政策，中国的现代绿道研究和实践已大规模形成中国特色，并逐步达到和超过世界先进水平。

3

第 3 章

中国绿道理论

3.1

中国绿道的理论基础

3.1.1　中国传统美学与山水画论

在中国传统美学中，人们关注的是万物，通天地之后返归内心的灵魂的适宜，而不是简单的外在美的知识。中国传统美学在审美认识活动中对其赋予了更多的内容：审美过程不仅是对美的把握，更重要的则是人生的历练，审美的深入和人生真实意义的揭示。

中国山水画理论从魏晋南北朝开始发端，到唐代才真正产生，最终在宋元时期成熟。《画山水序》提出了重要的美学命题——"澄怀味象"，强调了审美观照角度下的审美心胸与"象""味""道"的内在关系。山水画的创作和理论的发展也是中国古代艺术的最直观显示。《历代名画记》是中国最早的绘画史，里面对古代画理、画法、画史方面进行了论述，张彦远提出了"画尽意在"的美学命题，认为"意"才是在绘画过程中的主导作用。

在中国传统山水画论的发展过程中，我们可以看到，山水画理论不仅是艺术和美学的研究对象，也是想象力的社会人类学的可能来源，他们所展示的是学者在处理天然山川时的特殊感受和体验。因此在中国传统美学和山水画论的视角下，研究具有中国特色的绿道网构建，对加快生态化、特色化的城市建设具有重要意义。

3.1.2　风水地理学

风水学古称"堪舆术"，风水蕴含着五千年的中华民族历史、文化和发展。它是中国古代建筑与城市规划理念及其应用的智慧。

风水研究的核心是人与自然的关系，即通过对地理环境要素的认识和分析，研究和选择适合人类生存的地点或坟墓。同时，它还展示了如何设计环境和布局，协调人们与自然环境的关系。

3.1.3　人居环境学

吴良镛，中国科学院和中国工程院两院院士，人居环境科学的创建者。1993 年吴良镛院士发展了道萨迪亚斯（Constantins

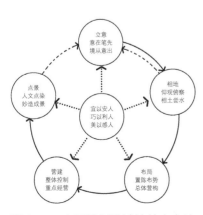

图 3-1　人居规划设计的基本方法

Apostolos Doxiadis）的"人类聚居学"，结合中国实际，在其"广义建筑学"理论基础上，提出了"人居环境科学"思想。该理论主要是研究人居环境，研究人类聚落及其环境的相互关系与发展规律。

2001年吴良镛院士的《人居环境科学导论》出版，对这一理论进行了全新的阐述和梳理。他提出以建筑、园林、城市规划为核心学科，把人居作为一个整体，从多个方面综合系统地进行研究，探讨人与环境之间的相互关系以及中国人居环境发展的道路，集中体现整体、统筹的思想，初步建立了人居环境科学理论体系。

吴良镛强调，规划设计是寻找和建立人居环境空间秩序的过程，天下、地区、城市、建筑，莫不如此，中国人都构建起一套相应的秩序，即对各个层次的空间发展予以协调控制，使人居环境在生态、生活、文化、审美等方面都具有良好的质量和体形秩序（图3-1）。

3.1.4 "生境·画境·意境"三境学

1978年"中国风景园林之父"孙筱祥先生提出了城市园林绿地系统规划理论，1981年提出了大地规划理论，1982年又发表了很有影响力的"三境论"，这些理论对推动中国与世界园林的规划与设计的发展起到了重大的影响与作用。

孙先生认为，中国风景园林创作的第一个境界是"生境"，目的是要创造出一个生意盎然的"自然美"的环境，有着"生机蓬勃"和"怡然自乐"的自然美和生活美的境界；第二个境界是"画境"，是将生活中体会到的美，经过取舍、概括、提炼、拔高，从而形成一个完整的布局，之间有主次、有烘托、有呼应，即将生活中美的素材，经过艺术的加工，得到升华，上升到"人工美"和"艺术美"的境界；第三个境界是"意境"，也就是情景交融，让人产生浪漫主义的激情。

3.1.5 《园衍》理论

孟兆祯院士旨在研究中国传统园林艺术的系统理论，著有《园衍》。他将传统文化理论与园林建筑、测绘、绘画、摄影的观察和

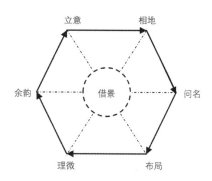

图3-2 中国风景园林设计理法序列基本方法

设计相结合，用现代科学知识和方法来认识并发展中国传统园林艺术。

《园衍》的内容主要分为学科关系、造园理法、名景析要和设计实践等四个部分，以立意—相地—问名—布局—理微—余韵的顺序作为其设计的思维序列，并且将借景作为它最为核心的理法（图3-2）。"通过对中国园林文化的核心逻辑在学术上的解码，创造了一个概括中国传统园林规划设计内质的理法体系；运用研究方法论对中国园林文化进行诠释从而来探究中国园林的底蕴。"孟先生运用一种独辟蹊径的方式将"借景"作为中国风景园林艺术的第一理法要法，并且将原先的设计思维序列改变成为类似放射性正六边形的以"借景"为中心的设计理法序列。

3.2

中国绿道的定义与内涵

3.2.1 中国绿道的定义

中国绿道秉承"天人合一"理念，是连接山水与城乡的绿色廊道，包括人在内的生物系统栖息、游憩、交流、传播的生存线形空间。绿道通常串联城乡绿地、居住区、棕地（废弃交通廊道、废弃采矿区等市域废弃地和退化地）、更新地块（旧村、旧城与旧工业区改造、农林水生态改良等）、城市商娱公共空间等。绿道面向历史和未来，契合新的城市形态、生产模式和产业布局，引导乡土野生动植物无障碍迁徙和繁衍，倡导城乡居民优质生活方式，实现被动保护到主动的生态修复，助力人与自然和谐共生。

3.2.2 中国绿道的内涵

中国的绿道遵循自然体系的性状，让山、水、绿脉能够在城市里自然延伸；同时由于城市开发建设，出现了诸多的棕地、市政设施用地、未利用地，应该通过城市更新的方式，将土地进行置换，增加更多的绿色空间。并将灰色基础设施绿色化，通过绿道重塑城市形态，确保让自然系统成为线状或面状的网络空间，使自然系统在城市构筑表面或者立体穿过，部分或整体渗透。同时，城市中野生系统的恢复和稳定形成良性的发展趋势。

绿道在重要的相连接的土地空间网络中，其内在的连接度维系着众多对可持续发展极为重要的生物、自然与文化景观功能。因此，绿道的定义体现了其作为一种战略性高效的、以最少的土地保护最多资源的方法。

绿道如同楔形绿地，从城市郊区沿城市的辐射线方向插入城市内，在城市中形成若干条由郊区向城市腹地输送新鲜空气的通道。绿地在树木的庇荫下所造成的特殊环境，可以把城市郊区冷湿的新鲜空气不断地输往城市中心，调节局部气候。

绿道切开了"城市大饼"，修复与自然的隔阂，并与城市发展概念相契合，同时也激发了城市规划和绿地系统规划的新模式探索，各类绿地发挥不同的生态、景观功能，并且在空间上呈散布状态分布，各类绿地互相孤立，缺少内部的联系，物质流、能量流和信息流受阻，而绿道最重要的功能是，通过连接其他非线性绿地形成一个整体，使得城市绿地系统功能性更加完善，动态平衡更加稳定，地域特征更加明显，扩展性更加适应城市发展，发展的可持续性大大加强，从而起到良性保护的目的。

通过城市绿道系统，作为串联城市内部各类绿地斑块，增加整个城市绿地系统内部的连通性，改变传统"见缝插绿"做法及将绿化作为城市点缀或者减轻环境污染而"盲目增绿"的做法，突显绿地系统在恢复自然、营造城市生态系统等综合功能的积极作用。最重要的是，在利用城市河道绿化带、铁路公路防护绿地等带状绿地，沟通城市内部与周边自然环境之间的交通联系的同时，充分发挥绿道作为绿地系统带状绿地的重要补充作用，形成将城市各绿地斑块之间与自然生态环境联系起来的绿色通道网络，增加城市空间与周边各生境斑块的连接度，通过生态分析手段确定绿色通道的合理宽度，在满足城市功能需要的条件下，促进城市内外各类绿地单元之间的物质流、能量流、信息流通过整个绿道网络得到交换、转移和存储，这对于维持人类良好生存环境的稳定和可持续性有着显著作用。同时，绿道作为带状绿地的补充，具有良好的扩展性，以弥补集中绿地影响范围有限和缺少相互流动途径的不足，为城内居民提供舒适易达的亲近自然的通道，也加强了城市绿道系统在生态保护、游憩休闲和社会文化等功能中的作用。

3.3 中国绿道的分级和分类

3.3.1 国内外学者、文件的解读

绿道的类型可以从形式、功能和社会价值等多个方面进行总结。划分要求、研究类型的不同，得出的类型也有所区分（表 3-1、表 3-2）。

国外学者对绿道的分级、分类表 表 3-1

学者或文件	国别	划分依据	基本类型
查尔斯·E. 利特尔（Charles E. Little）（1990）	美国	从功能、尺度角度分类	①城市滨河绿道；②游憩绿道；③具有生态意义的廊道；④风景和历史线路；⑤全面的绿道系统或网络
朱利叶斯·法伯斯（Julius Gyula Fábos）（1995）	美国	从功能价值角度分类	①具有生态意义的走廊和自然系统的绿道；②娱乐性的绿道；③具有历史遗产和文化价值的绿道
杰克·埃亨（Jack Ahern）（1995）	美国	根据绿道功能作用分类	①生物多样性绿道；②水资源保护绿道；③休闲娱乐绿道；④历史文化资源保护绿道
默特斯和霍尔（J.D. Mertes & J. R. Hall）（1995）	美国	根据道路功能和土地性质分类	①公园绿道；②连接性绿道；③单车绿道；④山地绿道
巴斯克和布朗（L. A. Baschak & R. D. Brown）（1995）	加拿大	根据占地面积分类	①区域性绿道；②地方绿道；③场景绿道
汤姆·特纳（Tom Turner）（2006）	英国	根据周边用地性质	①休闲绿道；②商业绿道
范·哈伦和赖希（Von Haaren & Reich）（2006）	德国	根据规划方法及规划目的	①生态栖息地导向型绿道；②多功能栖息地导向型绿道；③将自然保护目标纳入土地利用实践的导向型绿道；④减少障碍效应的绿道
吉·W. 谭（Kiat W. Tan）（2006）	新加坡	按可用功能划分	①休闲娱乐绿道；②便捷交通绿道；③动物迁徙通道和科普教育绿道

国内文件对绿道的分级、分类表 表 3-2

文件	划分依据	基本类型
住房和城乡建设部《绿道规划导则》（2016）	根据绿道所处位置的不同	①区域型绿道；②市（县）级绿道；③社区级绿道；④城镇型绿道；⑤郊野型绿道
住房和城乡建设部《绿道工程技术标准》（2018）	根据绿道所处位置的不同	①国家级绿道；②区域（省）级绿道；③市（县）级绿道；④社区（乡村）级绿道
《珠江三角洲绿道网总体规划纲要》（2017）	根据绿道所处位置和目标功能的不同	①区域绿道（省立）；②城市绿道；③社区绿道；④生态型绿道；⑤郊野型绿道；⑥都市型绿道

续表

文件	划分依据	基本类型
《成都市健康绿道规划建设导则》（2010）	根据绿道的尺度分类	①Ⅰ级健康绿道；②Ⅱ级健康绿道；③健康绿道连接线
《嘉兴市生态绿道网规划建设技术导则》（2011）	根据绿道所处位置和目标功能的不同	①郊野型绿道；②都市型绿道；③社区型绿道
《河北省城镇绿道绿廊规划设计指引（试行）》（2011）	根据绿道绿廊所处位置的不同	①省域（区域）绿道绿廊；②城市绿道绿廊；③社区绿道绿廊
《浙江省绿道规划设计技术导则》（2012）	根据绿道所处位置和目标功能的不同	①省级绿道；②区域级绿道；③县级绿道；④城镇型绿道；⑤乡野型绿道；⑥山地型绿道
《泉州市城市绿道系统规划》（2013）	根据绿道功能作用分类	①现代都市型绿道；②历史文化型绿道绿道；③滨海型绿道；④滨河型绿道；⑤山林型绿道；⑥田园型绿道
《北京绿道规划设计技术导则》（2014）	根据建设方面的差异分类	①城市型绿道；②郊野型绿道；③联络型绿道
	根据景观特征差异分类	①滨水游憩绿道；②森林景观绿道；③郊野田园绿道；④人文景观绿道；⑤公园休闲绿道
《安徽省城市绿道设计技术导则》（2014）	根据绿道的形式与功能分类	①城道路型绿道；②山林型绿道；③公园型绿道；④滨水型绿道；⑤防护绿地型绿道

3.3.2 中国绿道分级和分类

　　绿道的具体类型取决于其地理位置、空间结构和应用目的。早在 2009 年，笔者作为主创人之一参与了珠三角区域绿道网的规划纲要和规划设计指引的编写和规划，在其中重点探讨了绿道的分类和分级，并对不同类型绿道的技术指标进行了系统的梳理和研究。《珠江三角洲绿道网总体规划纲要》中指出珠三角绿道网是由区域绿道、城市绿道和社区绿道等三个级别的绿道系统构成。另外结合珠三角城乡空间布局、地域景观特色、自然生态与人文资源等特点，根据绿道所处位置和目标功能的不同，珠三角区域绿道可分为生态型、郊野型和都市型三种类型。

　　在本书中，结合近年来国际尤其是中国绿道发展的实际情况及特点，在原珠三角区域绿道网绿道分类的基础上进行完善升级，根据绿道在区域中所处的地位和等级，将绿道分为国家绿道、省级（区域）绿道、城市绿道、社区（区级）绿道四级（图 3-3）。

图 3-3 中国绿道分级模式

我国应进一步完善区域和城市绿道，借鉴美国国家绿道。建立起一条涵盖国家重要水系、山脉、海岸等的国家层次的绿道网络，通过构成的大型生态网络，来提高绿道整体的综合利用率和影响力。从政策上，应逐渐将绿道规划作为专项规划纳入区域乃至整个国家层面的规划体系之中，并通过法律法规保障绿道网络建设工作的良性推进。

3.3.3 国家绿道

国家绿道主要是国土尺度跨省域的绿道，包含基于自然地理（长江、黄河、太湖、鄱阳湖、太行山、大小兴安岭、秦岭等大山、大河、湖泊和海岸线）和历史文化线路（京杭大运河、长城、茶马古道、丝绸之路等）的自然和文化遗产绿道和风景绿道。同时国家绿道也可以是诸如环首都绿道、环雄安绿道等国家战略层面的区域绿道，还可以是串联生态资源条件优良的国家级红色根据地、欠发展贫困地区（引导精准扶贫）的绿道。

1. 构建基于自然地理的国家绿道

中国乃是多山的国家，《禹贡》把中国山脉划为四列九山。210 多条大型山脉形成了不同的地形地貌，其中多是分水岭或江河的源地，由这些山脉形成的中国盆地、高原、平原地形的轮廓骨架也被作为地理上的分界线。"茫茫昆仑，八脉到此"，风水学把绵延的山脉称为龙脉。

根据中国自然地理三级地势，应用地理信息系统提供的技术支持，识别出在国土尺度上具有重要意义的大山、大河自然廊道系统作为国家绿道系统的基本骨架。如可以形成一条连接珠三角、长三角直到环渤海地区的"弓形"国家海岸绿道和一条沿国家边境穿越可进入区域的边境绿道。可以设想在不久的将来，在重要的大山大川、特色自然地理景观区域，在经过充分的生态安全评估与自然修复的背景下，都可以出现以国家自然廊道为标志的，供人们穿越、体验、感知的路径系统。

2. 构建基于中国历史文化线路的国家绿道

古道是我国五千年文明史的活化石，遗留在驿路上的脚印见证着我们祖先奋斗的丰功；雕刻在长亭石碑上的优美诗词，滋润着中华儿女的心胸；响彻在驿路上的驼铃声，时刻警示着我们砥砺前行。

目前我国的遗产廊道处于起步和探索阶段，侧重于实证研究，发源于美国的遗产廊道，这种针对如何保护和利用跨区域的综合性遗产的新理论及方法，能够为我们开辟出新的保护和开发利用文化遗产的视角，还能够对我们在遗产研究与保护的整体系统战略方面起到新的作用。通过国家绿道能够保留大量重要的线性文化遗产，同时还能发挥沿线的休闲游憩、旅游开发等功能。

3.3.4 省级（区域）绿道

省级（区域）绿道是连接区域内城市与城市、城市与市郊、市郊与农村地区中各类重要发展节点，对区域生态环境保护和生态支撑体系建设具有重要影响的绿道。省级绿道需要结合区域自然和人文资源的分布在全省乃至更大的区域层面进行统一的规划。

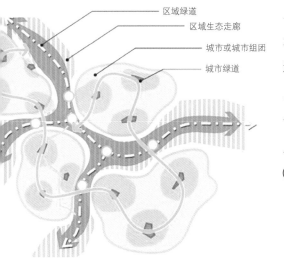

图 3-4　区域绿道示意

虽然区域绿道比国家绿道尺度小，但其所蕴含的内容丰富度却并未减少，因而更具有可控性。例如，我国珠江三角洲地区的绿道网规划就属于区域绿道规划，通过森林、山脉和水系将各县市区联系起来，形成连通的绿色网络。区域绿道还拥有人文景观结合的特点，能够以历史性的风景名胜区作为核心，对区域内历史风景名胜区的交通组织和流线以及文化遗产和景点进行重新梳理（图 3-4）。

（1）串联城市及组团间的生态绿化走廊；

（2）具有生态隔离与缓冲意义；

（3）为生态绿廊带来休闲游憩意义。

此外,国家绿道、省级（区域）绿道层面，又可以分为郊野绿道、风景绿道、都市绿道、生态绿道和遗产绿道。

1.都市绿道

主要是为城乡居民提供都市休闲游憩，实现绿道网的全面贯通而建设的绿道，该绿道主要集中在建成区内，沿线可串联公园绿地、广场、学校、滨水空间、公共设施和城镇道路两侧的绿地而建立，可供人们进行散步、慢跑、骑行、康体休闲等活动，也为人们提供可供选择的出行通道（图 3-5）。

图 3-5　都市绿道意向

郊野农田　城市区域　林缘河塘　自然村落　自然山林

林缘雀鸟　野营地　爬行动物　徒步旅行者

图 3-6　郊野绿道意向

2. 郊野绿道

　　主要是为城乡居民亲近大自然、感受大自然的绿色休闲空间、体验乡野风情等而建设的绿道，通过建设在城镇周边的郊野公园、田野、乡村等各种场所内的休闲道、栈道等形式，提供露营、农业体验、体育赛事、节庆民俗、乡野美食等活动场所，实现人与自然的和谐共处（图 3-6）。

3. 生态绿道

　　主要对动植物的生存栖息地进行一系列的创建、保护与管理，沿着城镇外围的溪流、河水、海岸线以及山脊线来设立，以达到保护生物多样性和自然生态环境的作用，可为科研人员提供自然科考的场所，同时为游客提供户外徒步的线路（图 3-7）。

4. 风景绿道

　　主要是指拥有较高审美风景的，处在或连接国家级风景名胜区、国家公园体系、国家滨水空间、国家级自然保护区等风景优美的值得保存、修复、保护和增进的景观道路（图 3-8）。

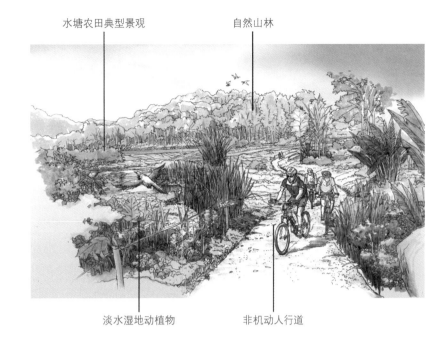

水塘农田典型景观　　　　自然山林

淡水湿地动植物　　　　非机动人行道

图 3-7　生态绿道意向

华南乡土植物群落　　　　自行车人行道

鱼道　　　野生动物

图 3-8　风景绿道意向

图 3-9　遗产绿道意向

5. 遗产绿道

　　古（驿）道活化为遗产绿道，主要是具有较高历史文化价值和特殊文化资源集合，包括世界遗产、国家遗产、风景名胜历史文化古迹、遗产地等，以及通过恢复、修复的古驿道、古商道等的线性绿色廊道（图 3-9）。

114

3.3.5　城市绿道

城市绿道是指连接城市主要功能组团中的公园广场、滨水空间、公共设施等，并对城市的生态与休闲系统有重要意义的绿道，协调自然与城市的发展，让人们在城市生活中获得安全，健康，自然的休闲空间。城市绿道需结合城市功能组团布局和未来的发展方向进行综合布局，并实现与区域绿道的便捷联系（图 3-10）。

（1）连接城市重要公共空间；

（2）承担城市组团间游览联系功能；

（3）融合城市与自然，兼具环境意义及景观价值；

（4）作为城市慢行系统的空间载体，在一定程度上辅助城市交通。

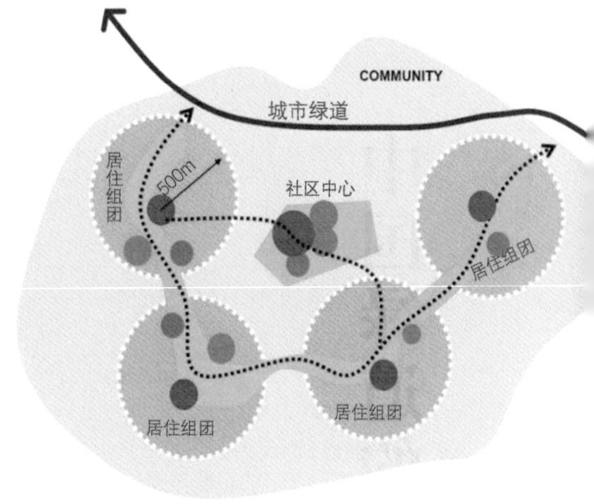

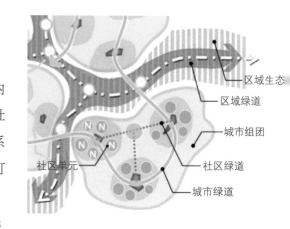

图 3-10　城市绿道示意

3.3.6　社区（区级）绿道

社区（区级）绿道是指与城市相连的主要城市区域、社区内的街道绿地、小型花园、社区公园、公共活动场所等，为附近社区居民提供近距离娱乐休闲服务。社区绿道需要结合社区慢行系统进行布局，并与城市绿道、区域绿道连接，增强上层次绿道可达性（图 3-11）。

（1）串联社区内公共服务设施，满足便捷的休闲和服务需求；

（2）连接社区内公共开敞空间，体现社区的个性和特色；

（3）承担社区内的主要出行；

（4）与城市绿道和区域绿道便捷联系。

图 3-11　社区绿道示意

3.4
中国绿道的功能和构成

3.4.1 绿道的功能

1. 生态功能

（1）倡导东方"和谐"的哲学观念。

绿道应强调"天人合一"，让大自然自我做功，尽量减少人工干预。

（2）提供生境和生物栖息地。

绿道能为包括植被、河流、河道、土壤等提供的生物栖息地，并提供多尺度的生物栖息地，利用绿色植物柔的线条，把多一点的城市空间让给树木和其他植物，使其能够提供栖息地给鸟类和其他野生动物。

（3）提供干净的水和蓄水功能。

绿道可以降低洪水风险和减少地表径流，同时绿道绿廊内的雨水收集系统可以减少市政用水，还可以通过下渗补充地下水。

（4）提供洁净的空气。

绿道内的植物能够将空气中的二氧化硫（SO_2）、氨（NH_3）、二氧化碳（CO_2）等大多数有害气体去除，同时能够有效去除和减少空气中的颗粒污染物（PM2.5、PM10）。

（5）改善与保持土壤质量。

绿道有助于存储和回收土壤中的养分，保持土壤结构稳定。

（6）调节气候变化和节约能源。

绿道能有效降低区域温度，改善区域微气候，降低城市热岛效应，都市绿道还能有效降低局部温度，绿道中的植物可以为建筑物提供表面遮阳，减少降温所需的能源耗费量，同时利用天然能源和可再生资源，在设计中多采用夯土、黏土、竹、芦苇、椰子纤维、石头等以起到能源节约作用。

2. 休闲游憩功能

（1）绿道提供大量游憩机会。

提供骑自行车、爬山、开展步行等户外活动的场地，提供亲近自然的空间；

（2）满足城市现代休闲活动的功能需要。

绿道的建设可以使得满足人们跑步、锻炼、骑行、散步等康乐性的活动场所能够更好地依靠以绿化为主体，并且拥有人性化服务特征的线形步行开放空间结构进行展开。

（3）绿道促进对公共空间、慢行空间的改善。

与保护区、传统公园相比，绿道的便利性和灵活度更高，在城市中能够发挥出深入社区，范围较大的慢行系统的功能，能够增加城市的开放绿地空间。

（4）绿道提供科普教育。

各种体验的进行会加强人们对自然的理解和认识，人们通过在绿道中游览可以学习到自然科普知识。

3. 景观美学功能

（1）提供更丰富的景观类型。

绿道能够增强景观的连续性和多样性，对城市景观格局能够产生大的影响。

（2）形成标志性的景观空间。

绿道能够营造城市特色的风貌特征。绿道网络的形态，与城市空间的交织融合能够提升城市景观特色和魅力。

（3）形成景观廊道。

绿道能够借助河流、绿带等线性通廊空间，连接城乡，并通过一系列的修复、美化，形成景观廊道。

（4）绿道自身也是景观的一部分。

绿道自身的线性的空间形态和优美风景，是城市景观中亮丽的风景线。

4. 社会文化功能

（1）保护与利用历史文化资源。

绿道的建设对历史文化遗产具有保护的作用和功能；绿道可

以将城市社区跟历史建筑、文化遗址串联起来，这不仅是对文化遗产的一种保护，同时也是对文化遗址的一种宣传，让更多的人可以了解和记住历史。绿道的规划从对文化遗产的影响作用上看，能够对节点所涉及和串联到的护城河、河涌、城墙、运河、历史街道、历史铁路、文化线路等历史建筑和遗址进行保护、修复，使其能够结合为一个相互融合的整体，更好地贴近和符合现代城市的发展以及变化。另一方面，绿道对社区和文化遗产的串联，可以在一定程度上整合区域内相对分散的历史人文资源，使其所传播的精神和文化能够得以提升。

（2）营造归属感、地方认同感，有吸引力的城市和环境。

社交需求是马斯洛需求金字塔上的重要一项，而有助于人们相识交集的场所是可以设计出来的，绿道所包含或串联的自然、半自然、人工绿化的公共、半公共绿色空间应该营造归属感、地方认同感，创造有吸引力的环境。

（3）建立健康的生活方式和正确的生态价值观。

发展生态产业，推广生态社区，鼓励人们出行采用生态交通，从生活的多方面倡导生态化的生产以及消费方式。更多地亲近大自然，也能够提高人们的免疫力，降低一些疾病的发病率。

（4）营造活力、健康、正能量的绿色人文气氛。

绿道通过其营造的绿色人文氛围来实现"人化的自然"，其生态、活力的环境能让人们找到归属感。

5. 经济产业功能

（1）拉动沿线产业，提供就业机会。

绿道可为区域的发展提供一个很好的展示平台，同时能够带动沿线相关产业的发展，如服务业、旅游业等。

（2）增加周边土地价值。

城市环境的提升同时也能带动周边土地的开发价值，并给沿线带来经济效益。

（3）节约后期管理养护费用。

绿道在治理环境污染上，根据不同类型的绿道会发挥出不同的作用，绿道的建设可以降低后期管理养护费用。

（4）提供生态产品供应。

绿道能为我们提供生态产品供应服务，如水、空气、木材等，范围涵盖了我们日常衣食住行的生活资源。

（5）节省灾害重建和环境治理资金。

绿道能有效地将自然灾害易发区域提前进行隔离，而且灾害重建的成本会比城市重建要小很多。

如前文所述，绿道在维育自然生态系统的同时也能提高地区吸引力、增加归属感、拉动周边经济发展等，这就是绿道功能复合的表现，这样的功能复合有很多，表3-3从生态、休闲游憩、景观美学、社会文化、经济产业等5个方面对绿道的功能进行汇总。

自然环境是人类生存须臾不可离开的基础，是人类的家园。因此，人类对自然的开发和利用必须限制在自然生态系统稳定、平衡所允许的限度内。绿道作为绿色基础设施的重要组成部分对于链接

绿道功能复合一览表 表 3-3

绿道主要功能		主要功能类别细分
生态功能	提高自然资源利用效率	提供生境和野生动植物栖息地 改善和保持土壤质量 生物防治 提供干净的水和蓄水功能 提供洁净的空气 碳储存和碳封存
	减缓和适应气候变化	调节气候变化和节约能源 控制侵蚀
	防灾	减少森林火灾的风险 防洪减灾
	弹性	生态系统的韧性
休闲游憩功能	旅游和娱乐	绿道提供大量游憩机会 绿道促进对公共空间、慢行空间的改善 娱乐机会的范围和功能
	景观美学功能	更丰富的景观类型 标志性的景观空间 景观廊道 绿道自身也是景观的一部分
社会文化功能	地域文化	保护与利用历史文化资源 营造归属感，地方认同感
	健康和福祉	建立健康的生活方式 营造活力、健康、正能量的绿色人文气氛 空气质量和噪声监管 锻炼和设施的无障碍
	教育	教学资源和"天然实验室"
经济产业功能	农业和林业	多功能弹性的农业和林业 加强授粉 加强病虫害防治
	低碳交通和能源	更好的集成、减少分散的运输解决方案 创新能源解决方案
	投资和就业	拉动沿线产业，提供就业机会 更好的地区形象 劳动生产率 更多的投资

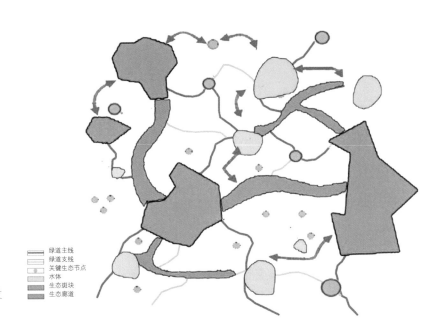

绿道主线
绿道支线
关键生态节点
水体
生态斑块
生态廊道

图 3-12　从绿道到绿色基础设施的变化

其中的生态斑块起着关键的促进作用。2000 年的时候，美国对绿色基础设施进行定义，绿色基础设施是国家生命保障系统，要素有：水系、湿地、林地、野生生物的栖息地以及其他自然区，绿道、公园以及其他自然环境保护区，农场、牧场和森林，荒野和其他支持本土物种生存的空间，它们共同维护自然生态进程，保持洁净的空气和水资源，并有助于社区和人群提高健康状态和生活质量。绿色基础设施是绿道网络的延伸和扩展，是绿道的综合服务功能的提升；绿道网络是绿色基础设施建设基础工程。

未来的绿道将向网络化、多功能、全覆盖方向发展完善。目前的绿道兼顾生态和游憩功能，但以游憩休闲为主，生态功能稍显薄弱。未来通过将绿道深入高生态价值地区，向人流密集的城市区域延伸，并将面域性生态资源纳入，形成"核心"和"廊道"联动。最终升级后的绿道将包含更多的大型生态斑块，生态服务功能更突出，将向城镇人口集居区延伸，与城市和社区的绿地相融合。并由线状扩展为廊道，进一步强化生态和游憩功能的复合（图 3-12）。

珠海在结合绿道规划与实践的基础上，率先开展了全国第一个绿色基础设施规划，绿色基础设施成为珠海的生命支持系统，以美好自然、人文生态环境为最高目标，涵盖城市（镇）、乡村之内和之间的多尺度自然、半自然、完全人工设计的绿色开放空间网络，具有多功能、连通性的协调平衡土地开发与环境资源，以保障新型城镇化城乡生态建设中社会、经济、生态可持续发展的综合的生态框架。珠海绿色基础设施是保障珠海城市绿色发展的基础设施、是支撑珠海生态文明建设的基础设施、是保护珠海青山绿水永存的基础设施。珠海绿色基础设施以绿道为基础，整合各类蓝绿系统，涵盖海绵城市建设（住建部）、生态园林城市建设（住建部）、水生态文明城市建设（水利部）、国家生态文明先行示范区建设（发改委）、森林城市（林业局）、国际宜居城市等，绿色基础设施规划是珠海建设这一系列城市建设的基础。通过自然方式而不是建造昂贵的传统基础设施来获得生态、经济和社会效益，相对于人工设施组成的"灰色基础设施"，它将人工设施和自然环境有机结合起来，利用森林、湿地、绿化带等形成一个涵盖城市（镇）、乡村之内和之间的多尺度自然、半自然、人工设计的绿色开放空间网络，在改善生态环境、保护生物多样性的同时，也提供了新的经济增长点。

3.4.2　绿道的构成

绿道由控制区内的绿廊系统及服务系统构成。服务系统包括：①慢行道，包括自行车道、步行道、无障碍道（残疾人专用道）和水道等非机动车道。②标识系统，包括标识牌、引导牌和信息牌等标示设施。③便民系统，包括休憩、换乘、露营、咨询、救护、安保等设施。④基础设施，包括交通接驳口、停车场、环境卫生、照明、通信等设施。

在实际规划设计过程中，不同级别的绿道，应结合不同的现状情况和使用需求，对绿道的构成进行取舍（图3-13）。

图 3-13　绿道构成示意

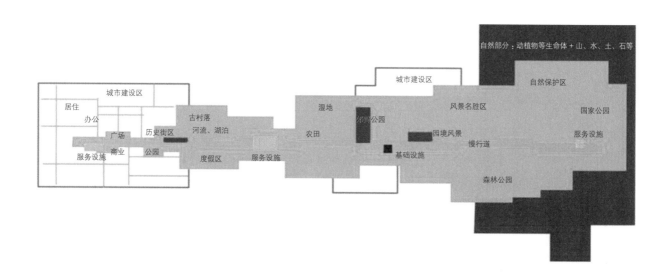

3.5

中国绿道规划设计策略

根据中国人的传统山水审美和自古以来对自然和土地的向往，进入科技发达、时空缩小的现代社会的人们更加需要、喜爱"近旁的自然"，并渴望在日常生活中理所当然地体验到自然的世界，绿道实现了这个想法，并付诸行动。秉承中国"天人合一"的传统哲学思想，传承和创新中国风水文化和相地建城造园理论，遵循因地制宜、顺应能量流动原理，通过规划设计绿道来创造更多连接自然的时空纽带，以平衡城乡人民日益增长的美好生活需求。

绿道规划设计思想：绿道规划设计应以"天人合一"为前提准则、高扬人文精神和具备中国文化特色，遵循山水美学、生态连通、风水文脉、功能复合策略，实现人与自然和谐共生的新时代目标。

绿道规划设计四大策略：山水自然策略、生态修复策略、风水文脉策略、功能复合策略。

3.5.1 山水自然策略

大自然是人类环境发展的基础。古云："天地之生殖资民之用，人事之生殖裕民之天。""天地之生"是基础，"人事之生"是通过建立一个环境可持续繁衍的人工自然过程，这一过程是"天之道、地之道、人之道"的融合，也是人类文明与天地自然的融合过程。在古代中国，"自然"一词更多地包含了"自然而然"的"道"的含义，万物存在于自然中亦由"道"孕育生成。古人所见的自然是一个不可分割的整体；"形胜"就是在整体的、人化的自然环境中选择、营建的重要思想。

山水自然策略，是指将我国传统山水、自然、园林思想与整个城市、乡野结合起来，同整个区域的自然山水条件结合起来，保护并利用自然山水资源、传承文化脉络、营造山水景观意境。当绿道在自然山水中产生强烈的模式和形式时，某些自然特征和过程可能变得更加清晰易读。"水理漩洑，鹏风翱翔；道不自器，与之圆方。"此品说曲的妙处，与直露无遗相对，委婉、曲折、深邃、幽远。绿道的审美和选线，应自然、曲折，胸有意境在先。山水自然策略架构包括三个层面：

宏观层面：基于自然山水资源的生态格局保护。通过对接周边的生态环境，对各种自然资源进行梳理，以构建出基于自然山水资源保护的绿道。山水城市所能够得到保护和发展的最基本的支撑条件是以完善的生态格局作为其建设的骨架。

中观层面：文化脉络是山水城市具有特色的主要载体，其文化脉络的传承是以人文山水资源为基点的。通过对文化脉络的梳理以及对其格局构成要素的提取，从而构建出具有人文山水资源属性的文化脉络传承绿道。

微观层面：主要涉及的是景观意境多主题多类型的营造。从参与者的贴身体验以及感知的角度来分析各个不同主题类型的绿道，根据不同的要素来营造差异化的绿道景观，由此来提高和加强参与者的认知和认同感。

3.5.2 生态修复策略

对于绿道规划设计师来说，坚守人与自然和谐的生态伦理非常重要；根据生态学思想，有连接的地方生态效益才高，有系统有网络的地方才有更高效率。生态修复就是要解决好水土和人、社会、文化内在联系。中国古代的传统堪舆术就提及了"风、土、气、水"是自然万物的根本，而"水"和"土"作为自然界中以具体物质形态的方式存在的因素，其对城市社会的文化和发展是具有本质性的作用和影响的。随着城市化进程的持续深入，水土保持学科主要的服务对象是农业生产以及城市生态安全和适宜居住环境的建设，其研究对象也从市之外的区域发展扩大到了城市本身，随着时代的进步，水土保持学也被赋予更多新的知识和内涵，并且从原先传统单一的形式转变为更系统和多样化多方面的学科。绿道生态修复策略即运用景观水保学理论，通过进行人工方面的干预，合理梳理各级自然要素和布局方式，彰显传统生态伦理思想。

景观水保学是对社会、人以及文化和水土之间关系进行研究的学科，其研究的对象是以市域和乡域的地表为主，通过合理地梳理水土元素的空间和布局，以及科学的人工干预方式实施，解决五大核心问题，包括水土保护、水土恢复、水土安全、水土美丽以及水土文化，从而协调社会、人、文化与水土之间相互联系的关系，使得城市的水土生态格局更加趋于安全，促进自然与城市的人的和谐相处和自然发展，构建城市合理的人文自然基底。

景观水保学理念指导下的城市修复分为5类，分别为山体修复、水体治理和修复、海岸修复、棕地修复利用和完善绿色基础设施系统。

由此不难看出，绿道可以作为一种手段结合景观水保学理念进行生态修复。如深圳长岭皮水库生态示范园是珠三角2号区域绿道深圳段重要的一个生态节点，野生动物可以通过两侧的缓冲区，进入到区域绿道的范围内，同时也可以拓展绿道内的生态廊道，来连接东莞和惠州。深圳市2号区域绿道从其南侧经过，其所处的边防二线是具有重要历史意义的见证，随着绿道的建成，更是肩负文化和生态的双重意义，未来的长岭皮水库作为绿道示范段上的重要绿色节点，更是率先发挥着示范表率作用。

绿道的建设能够作为一种手段进行生态修复，缓解土壤侵蚀，稳定动植物物种，运用点线面的链接式结构串联起数个斑块，起到加固大地、稳定水土的作用，保护和完善生物的迁徙廊道，使景观功能维持在一个可持续的水平，恢复和构建景园水保体系。

3.5.3 易经文脉策略

仰观俯察，是古人观察世界并获得基本知识点的最初方式。《易经》有云："仰以观于天文，俯以察于地理，是故知幽明之故。""仰则观象于天，俯则观法于地，观鸟兽之文，与天地之宜。"四顾回环，强调对周围环境的悉心观察和体会。远望近察，则是对宏观与微观视野的兼顾。风水堪舆和尊重文脉的风水文脉策略旨在寻求一个人工与自然和谐统一的理想格局，即人工秩序与天地秩序的统一。将山水之势作为实现这一理想格局的基地，纳自然于规划格局之中。

风水地理学与绿道具有很强相关性：

（1）两者的哲学思想高度一致。

风水学体现的是人类敬畏自然到顺应自然的过程，这个与绿道的景观生态学原理中要保持与自然系统完整性的理念是一样的。

（2）两者的认识方法高度相似。

风水学认为大地是一个有机的整体，中医认为人身体的每个部位都是紧密相连的，在这个观点上两者是相通的。而在 1933 年美国生态学家奥尔多·利奥波德（Aldo Leopold）所提出的"大地伦理学"也运用到了类似的认识方法。理论中将地球上的山体、江河、土壤等自然元素都看作地球的器官，这些部分形成一个整体，互相协调，并发挥着调节生态的作用。

（3）两者的核心要素高度相关。

生态流是一种功能流，能够出反映出生态关系的物质代谢、能量转换、信息交流等功能。而气在地理空间实现物质与能量之间的转换。两者分别强调深入研究"气"或"生态流"的运行规律。

（4）两者的研究尺度彼此对应。

风水学的范畴从中华大地到宅基选址规划都有所涉及。明朝王士性在其著作《广游志》中提出了中国的三大龙说，成为大尺度的代表性作品；而《黄帝宅经》的人与住宅的和谐关系则是小尺度的代表作品。绿道网络的分级则是结合了大尺度的城市区域和小尺度的社区区域。

作为中国区域绿道的哲学指引，构建完整的绿道需要自然系统和生态网络的相结合，这与理想的风水自然格局是具有相同之处，这也是中国特色绿道选址的理论基石。我们从地理空间的角度上，将不同尺度的绿道规划与理想风水格局上进行相互联系和对应，这种将传统哲学文化和现代设计相融合的方式能够在现代建筑规划设计上发扬出中国历史传统文化的精髓和特质。

与传统文化有关的风水文化及其历史，早已根植于中国社会，成为人们广为乐见的习俗，应当将其与绿道建设结合起来。风水观念会让绿道规划设计更好地站在古人或现代群众的感应意识上，去解释国人骨子里的"生态和心理原型"，实现"天人合一"的"虽由人作，宛自天开"的自然意境。

3.5.4　功能复合策略

绿道可以只强调其中一个功能，比如一条自行车道就可以是一个绿道。绿道的多功能复合策略在规划设计中是很重要的，这也是绿道可持续性的重要体现。绿道的多功能复合规划设计要求多学科参与、具有包容性以及高度的公众参与性。绿道规划设计时，应根据具体需求确定绿道应优先满足一定的功能。

绿道的多功能复合策略，主要宗旨是提供包括人在内的生命系统全方位的关爱。老子提倡万物平等观念，《道德经》有云："天地不仁，以万物为刍狗；圣人不仁，以百姓为刍狗。"仁是目的，不仁是措施，唯有不仁，才能至仁。天地至仁，用至诚不移的自然法则来体现。

绿道的目的导向是促进建立良好的人与自然关系，提升人们的幸福感。其多功能复合体现在三个方面：①绿道体现对残疾人与病患的关爱。如绿道与其他交通方式的无障碍接驳，为残障人士提供更多的关爱与尊重；如在串联社区或者康疗区域的绿道种植设计中体现植物康疗功能，对精神抑郁和交流障碍人群提供帮助。②绿道体现对经济弱势群体的关爱。绿道为发展滞后的贫困地区带来了新的转机和前景，为经济转型和产业提升提供新的模式探索，为国家精准扶贫提供新的思路与选择。比如绿道通过国家快速发展的轨道交通网络，将绿道与轨道接驳，有效串联富裕与贫困地区，将人引入贫困地区，一来可以直观感受贫富的差距，最重要的是可以通过当地的特色产品增加贫困地区的收入。③绿道体现对野生动植物的关爱。野生动物依靠连贯的绿道网络进行迁徙与栖息，同时还能对惯食野味的食客进行文明教育，展现出绿道的生态教育价值。

绿道的功能复合策略，主要通过在绿道网空间内构建可观、可行、可游、可居、可饮、可吃的"六可"生存栖息场所，由此不断丰富完善人和生物系统的和谐共生条件。

（1）可观：人们在绿道中感受到线性空间的行进性，体验运动中的连绵不断的图景序列。

（2）可行：绿道慢行系统的完善，在日后能够便于让市民平日以非机动车出行游玩，甚至是日常的通勤同样适用。

（3）可游：通过绿道网与轨道交通等无缝接驳，方便快捷地到达大部分旅游风景区、人文景观等户外场所、为人们提供新的休闲娱乐线路。

（4）可居：在绿道网内除串联常规居住方式外，可在保障安全的前提下，通过设置野外帐篷露宿点、吊床树居等多种原生态贴近自然的居住栖息方式。

（5）可饮：沿线天然取水点通过绿道建设提升水源品质，稍加处理或不处理即成为可饮用天然水。

（6）可吃：能够串联起沿线的农家乐、果园等乡村度假场所，能够给人们提供区别于城市的娱乐方式，寻求绿道网生活新文化。

如隋唐长安地区的区域大地风景的营造是基于对区域山水地势的整体把握，将山水环境中重要风景或形胜之地进行严格的控制，并按照当时人们的生活需求和审美标准进行环境的改造，选择适宜的功能与构筑形式。宜楼则楼，宜景则景。以山水、道路为骨架，将山、水、原、池、城、宫、塔、楼、观、庙等纳入一个整体系统，并以营景的方法进行诗情画意的整体创造。这个大地风景系统，因时代发展而生，因文化创造而成。它们是隋唐京师居民需求的真实反映，是时代精神与文化理想的物质创造，也是一个伟大时代人们生活方式的诗意展现。

4

中国绿道
规划设计方法

4.1

规划设计步骤

在中国，绿道规划建设模式主要是"自上而下"为主，"自下而上"为辅（图 4-1、图 4-2）。我国绿道网络体系的规划设计流程包括五个阶段。

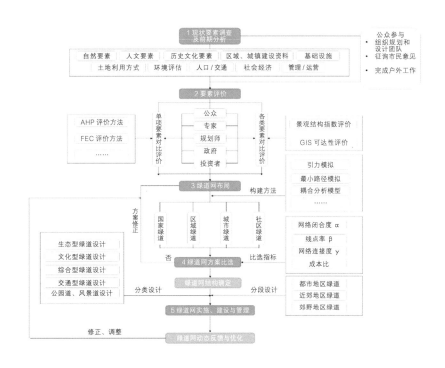

图 4-1　中国绿道网络体系规划流程

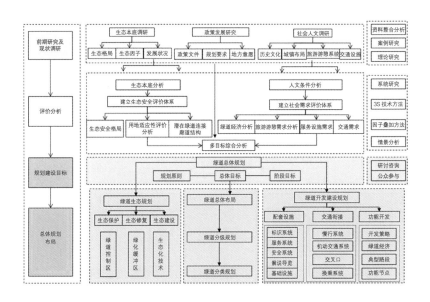

图 4-2　中国绿道网络规划设计工作方法

4.1.1 第一阶段：前期研究与现状调查

"山川景物，烟云变灭，不可临摹，须凭胸臆的创构，才能把握全景。"在立意的基础上，再逐步开展相地选址等一系列的规划设计活动。当然，这些活动在进行过程中又会对最初的立意产生一定的影响，有修正、有增减，使得初始的"意"更为充实丰富。根据中国绿道的发展脉络来看，中国绿道资源丰富，类型多样。绿道规划建设之初，必须考虑所在区域的发展背景和资源现状，了解绿道选线规划的独特资源潜力，以及绿道的连接度和网络节点价值；并对绿道的规划建设级别和穿行的土地权属进行初步的分析和整理，进而明确绿道功能主题和未来的发展概念。同时还要开展详细的调查工作，调查内容包括人工要素、自然要素、城镇建设资料、历史文化要素等。目的在于分析绿道规划的初步路线方案可行性。

4.1.2 第二阶段：要素对比与综合评价

所谓相地，是指通过相土尝水、仰观俯察等技术方法，掌握环境的基本特征，选择适当的地区作为绿道的建设选址。在此基础上，才能进一步开展布局、营建等规划设计活动。仰观俯察是古人观察世界并获得基本知识的最初方式。《易经》云："仰以观于天文，俯以察于地理，是故知幽明之故"；"仰则观象于天，俯则观法于地，观鸟兽之文与地之宜"。四顾回环，强调对周围环境的悉心观察和体会。远望近察，则是对宏观与微观视野的兼顾。它们是在古代人居环境选址和总体规划中被广泛应用的基本观察方式。同样适用于绿道的规划设计。

我们可以结合一些技术手段，如 AHP、FEC 评价方法等，对绿道的单一要素进行评价，同时还应该针对绿道的相关群体如公众、专家、规划师、政府和投资者，征求其意见。其后将综合各单项评价及相关意见对绿道进行综合评价，以指导绿道的布局。

这一阶段涉及一些技术方法和量化的数据，因此特别容易忽略关注绿道使用人群的美好生活诉求和乡土情结的建立。但是中国文化与"土"的关系是很深的，不仅崇拜天，而且崇拜地，地与父母、君王、师长合成"天、地、君、亲、师"，构成中国的多种信仰。而这五大崇拜对象，在数量上占有优势地位的神，无疑是"土地"，它与人的距离最近。"土地"的宽容、善良以及生物和美德使得中国人很佩服它。宗教性质的这种崇拜是在文化层面，也就是中国人的乡土情结进行。我们希望通过各种便捷的途径（绿道）暂时逃离喧嚣的城市生活，寻求一种回归自然的生活。

4.1.3 第三阶段：详细布局与方案比选

布局是在一个既定的自然环境中谋划人工环境的空间分布，确定空间的基本骨架。中国人心中常有一个人工与自然和谐统一的理想格局，即人工秩序与天地秩序的统一。一方面，自然环境不仅是人工环境营建的基底，也是其标准和参照系。另一方面，人们会依照人间的理想来排布自然、改造自然，将山水形势作为实现理想格局的基底，赋予自然以理想，纳自然于人工掌握之中。

对于国家级绿道而言，应识别出在国土尺度上具有重要意义的文化廊道系统、自然廊道系统，提出"国土生态安全格局"。对于区域绿道来说，则需要识别串联区域内人文及休闲资源、重要自然资源，构建对区域生态环境保护、文化资源保护利用、风景旅游网络。对于城市级绿道，有必要确定各类绿色开放空间，重要功能群和市（县）级行政区划范围内重要的自然文化节点之间的绿色空间。社区级绿色通道确定城市社区，并将周围的开放式绿色空间与城市和农村住宅区连接起来，以方便社区居民使用附近的绿色通道。

不同层级的绿道，尤其是国家级、区域级的绿道更应关注保护和构建风水生态格局和本土动植物群落。由于绿带主要分布在森林农田和陆地水域的生态交错带内，因此它是景观多样性和物种多样性最丰富的地区。中国传统的理想风水模型的背山，面对平原，山水环绕，水流延伸，都反映了人们对边缘环境的偏好。

这种偏好来源于人类本能，因为在边缘地区，悬崖、河流和森林灌木等自然障碍物的存在都对保护人类的狩猎和安全起着重要作用。绿道网络计划用各种各样的景观环境，包括描绘山水纹理，以及自然和人文要素，以达到平衡自然保护和可持续发展的目标，同时强调如何定位自然和文化。绿道网的详细布局思路与方法包括：

（1）基于对生态环境的分析，结合区域生态景观格局和城乡绿地系统，确定绿道网的主骨架和生态环境保护体系

分析和评估区域生态和环境因素，如高程、水资源、土壤的敏感性、动物和植物物种和栖息地质量。通过生态廊道分析方法，分析协调绿道周边的环境因素，如城乡土地利用的发展、交通方式、旅游开发，划定生态敏感区和生态安全保护连接区，基于敏感度的区域生态环境和自然资源。优先考虑景观质量的类型和水平，尽量通过绿道维护生态走廊的连续性，修复生态破裂点和生态斑块。

（2）优选绿道网串联的节

点，扩展绿道的功能体系

应评估绿道网中节点的重要性，并选择更重要级别的节点。绿道网络选线计划应尽可能多地将节点与自然和人文因素联系起来，充分展示该地区的自然生态景观和历史文化遗产，为提高绿道吸引力和发展绿道综合效益奠定基础。

（3）评估绿道系统的现状，确定绿道网络路线选择和绿道容量控制的布局密度

分析该地区绿道的潜在游憩价值，特别是生态郊区的绿道消费价值，以及开发项目对该地区的生态影响。通过能力控制方法来减少项目开发，特别是开发利用生态危害的活动和活动的频率。根据建设现状，土地利用性质和区域服务功能需求，结合生态评估结果和城市的长远发展要求，通过控制高速公路的密度来确定合理的绿道容量在绿色路网上，其中，生态型绿道适宜密度参考值为 0.03 ~ 0.10km/km²，郊野型绿道适宜密度参考值为 0.5 ~ 1.2km/km²，都市型绿道适宜密度参考值为 1.0 ~ 1.5km/km²。

（4）确定绿道网的适宜路径

选择开放空间边缘，交通线路和现有绿化道路作为城市绿地网络选择的依据，并以连接重要节点为优先目标，兼顾长度、宽度、通道难度、建筑条件等。对走廊进行比较和选择，以确定城市绿道的适宜路线。

（5）加强绿道网络与其他运输系统的联系，改善绿道设施

绿道网络路线应与绿道功能开发区相结合，完善相应的慢车道设施，突出以人为本的原则，加强城市绿道网与城市交通系统、慢车道系统，完善转移制度，连通城市和郊区，各种功能团体，提高城市绿道网络的连通性和可达性。

（6）确定绿道边界与规划布局方案

绿道网络路径应全面考虑绿道项目的生态，社会和经济外部性，解读相关规划，征求各方意见和发展愿望，规划地方整体衔接，构建多目标规划，多管齐下确定绿道的控制边界，优化绿道选线布局（图 4-3）。

最后应该调整不同的因子权重，结合多方诉求，完成绿道的

图 4-3　绿道与山体、城市公园（上），河流、滨水空间（中），城市道路、绿化带（下）的关系

若干布局方案，然后通过网络闭合度、线点率、网络连接度、成本比等多种评价因子对不同绿道网布局进行评价，从而选出最合适的绿道布局方案。其后对绿道网络进行分类、分段设计。

4.1.4 第四阶段：分类、分段设计

布局确定了绿道的大结构、大框架，在此布局中，古人往往选取关键地段加以悉心经营。这些关键地段往往成为绿道的精华地区，定全局大势，成一方特色。

绿道设计工作者需要有宽阔的胸怀、即兴的豪情，才能"振衣千仞岗，濯足万里流"，把山水感情落实到环境的建设上来。关键地区找准了，创作的主题找准了，"意境"形成了，再精心推敲形式，就可以形成绿道的典型特色。用古人的话来说，这叫作妙造自然。

（1）分类、分段设计中应注重中国绿道的多功能特色开发。例如在广东很多地区都有清明祭祖、九九登高拜祖的习俗，这都是很多青年人尤其男性青年"家情结"的强化剂，也使得乡村"老家"在他们心目中越来越占有较高的位置。串联城乡的绿道的乡土气息对"后城市"城镇居民来说是一种纯粹的"精神回归"。鉴于寻"根"意识，亦鉴于中华民族根深蒂固的山水美学观念，"仓廪实"的居民会更愿意把走入绿道投身乡野怀抱，当作与传统交流、与祖先对话、与天地宇宙相融合的契机。绿道规划建设过程中应对原有的自然村落人口进行严格的控制，鼓励这些村落通过发展生态观光业、鲜花种植业等生态旅游和观光产业等发展地方经济，同时保留原住民生活生产方式，对地域特有文化进行有效的延续。

（2）绿道建设离不开开拓与点景。"夫美不自美，因人而彰"，今天的许多风景名胜正是千百年前独具慧眼的开拓行为，并经过时间的洗练，终成精品。在此过程中，人文因素赋予了物质环境独特的内涵，升华了其境界，使其拥有了贯穿时空的魅力。绿道之中也应体现人文点染景物之精意，或写仿自然山水，或模拟文人诗境，或抒发胸中块垒，或将人文之情怀寓于绿道环境之中。

（3）完善地域特色的基础配套设施。绿道设计应根据当地的生态人文资源，充分利用具有乡土和地方特色，选用易于施工建设、方便后期维护管理的材料；在满足使用强度的基础上，慢行道和节点系统的铺装材料要尽可能采用天然透水材料和废弃再生材料，如木片、碎石屑、砾石、卵石等。为确保选定的材料能够与绿道及其周围的自然环境协调一致，并能代表当地特色或文化特征，简单易行，生态环保。绿道的照明应该充分体现"月光照度"的设计理念，在保证行人安全通行的前提下，尽量降低能耗。采用暖色调及高显色性光源，增加行人的舒适感。绿道全线建议设置应急通信系统，满足游客的沟通、呼叫需求。同时实现绿道区域内的公共厕所等服务设施的生态化。

4.1.5　第五阶段：提出实施、建设与管理方案

这一阶段我们应该确立绿道分期建设目标和绿道建设、管理维护机构。大部分成功的绿道建设都是从试点工程开始的，时常一小段绿道就能展示出绿道设想。试点工程通常需要在一年之内完成，并且需要贴近大众，给他们带来长期利益。建设一条绿道需要付出极大的努力和艰辛，整个工程可能需要持续很多年。在建设初级阶段，重点是确保工作连续性，并将注意力集中于试点工程。关键在于做出一个经得起考验且能带动全局的样板，而其他部分则可以列入后续计划中。这一点在珠三角区域绿道网规划建设中已经有非常好的例证。同时，当决定为绿道建设付出努力时，还必须考虑在接下来的几年甚至更长时间里，绿道建设如何延续下去。重要的是绿道在不断发展变化的时代背景和生态资源面前，进一步升级完善，真正发挥其对区域发展的主动保护和带动作用。

绿道规划建设资金的支持来源很广泛，最好的渠道来自政府及其他公共机构的专项资金。在某些情况下，资金还可能附带产生于一些大型公共建设工程，如海绵城市研究、公园总体规划。

另外，倡议完善绿道公众参与机制、获取社会组织和媒体对绿道的关注的机制。其实中国古代人居规划设计参与主体就非常多样，由全社会共同创造。体现了共同创建，全民参与的机制。"士农工商"四民之中，似应以"工"为从事规划设计的专业群体，主要包括官方（工官与匠人）与民间（民间匠人）两部分，而事实上中国古代人居环境规划设计从来没有局限于单一的群体之中，上至帝王将相，下至贩夫走卒，甚至外国人也都可以不同方式参与其中。目前虽然在中国很多大型绿道规划建设模式是"自上而下"的，但是"本来没有路，走的人多了就成了路"，更多的绿道发起者是更为广泛的公众。尤其是在绿道的使用评价和升级完善过程中，绿道的多功能很大程度上取决于公众参与机制的健全与否。相对于国际绿道规划建设思路，中国的公众参与机制是另一个层面的"自下而上"模式的相辅相成。建立绿道的公众参与机制，从规划、设计、建设到管理、提升等环节，一个完整的公众参与过程将有助于实现绿道建设目标和提高生态教育价值。通过开通"绿道旅游在线"网站、微博及自媒体 APP 平台，免费印制发放绿道旅游地图、绿道

旅游护照等,为市民群众游特色绿道、享文化绿道提供方便和指引。

最后，还应对绿道实施动态监测管理与反馈。在城市规划理论中，谈到发展，有两种模式，一种是大规模有计划的发展，一种是小规模自发的发展。例如隋唐长安、洛阳，即是在以宇文恺为代表的规划家的原创规划下开始最初的营建的，是一个大规模有计划的发展，但是，更多情况下中国古代的城市发展是小规模自发的，即便是长安、洛阳，也有自发发展的部分，故而规划不可能一以贯之，既要有规划的总体意图，也要根据不同的时间、地点有自发的成分，要有一个发展的过程。正因如此，规划本身包括变数，甚至充满变数，"规划—自发发展—再规划—再自发发展"，绿道的规划发展也一样。

4.2

国家、省级（区域）绿道规划方法

这一层次的绿道网络规划的范围内大部分为具有较高风景资源价值、较高历史文化价值的山水文化资源，城市化对自然景观构不成大的影响，因为处于乡村或城市向乡村的过渡区域，所以规划的策略是以生态为优先，注重对文脉的延续、景观资源的保护并提升区域内景观连接度。在设计方法上，要着重考虑到如何维持现状的物理环境和生物资源，以及如何保证在生境链与生境网络的连续性、整体性与有效性的基础上，对整体区域的生态安全格局进行最恰当的保护。其次则是如何对文化资源与自然环境进行整合，采取综合性保护措施保护文化遗产或廊道，包括具有区域性、地方性、代表性的景观，都要有相应的措施。同时还要考虑到将风景名胜区、旅游区、森林公园实行有效的连接。

4.2.1 以生态环境分析为基础，确定绿道网主体框架与生态保护体系

分析与评估区域生态环境因素，如土地高程、水体资源、土壤敏感度、动植物种类和栖息地质量等。分析与协调绿道周边环境因素，如城乡用地发展、交通格局、旅游发展等，通过生态廊道分析方法划定生态敏感区、生态安全保护与连接区域，依据区域生态环境敏感性程度、自然资源类型和级别、景观质量高低进行优先连接，尽可能通过绿道保留生态廊道的连续性，并修复生态断裂点与生态斑块。绿道网选线规划可结合城乡绿地系统，连接城区绿地与郊区绿地，构建城镇与乡村之间完整、高效的区域绿地空间网络。绿道应结合区域生态廊道、生态隔离绿地、环城绿带等绿地连接城镇与乡村，以城镇地区为中心，绿道应均衡布局并延伸至各乡村地区。通过上述区域生态景观格局和城乡绿地系统的研究，确立了绿道网主体框架与生态保护体系。

绿道主要是沿着森林公园、自然保护区、风景名胜区的山脊线，都有着非常丰富的自然以及生物资源。所以对这种区域的自然资源和生物资源的保护，是极其重要的。通过采用控制游步道宽度、走向和数量，减少对这些区域的影响和破坏，以达到保持区域高

自然特征的目的。

广东省环保厅为将"广东绿道"品牌发扬光大，进一步延伸和拓展绿道的内涵和功能，提出"生态保护红线、排污总量上限、环境准入底线"等"三条铁线"要求，彰显"生态保护 +"。

浙江省：与城镇格局、资源分布相契合的特色结构。浙江省级绿道结合城镇格局和资源分布特点，构筑了"突出中心，网络覆盖；山环海抱，T 形联结"的绿道网布局结构。在环杭州湾、东部沿海，以及浙中盆地等城镇密集区布置 6 条以休闲为主导功能的省级绿道；在浙江北部、西部、南部山区以及浙江中部联系浙西和东部沿海之间、联系浙中和浙南山区之间布置 4 条以生态功能为主导的省级绿道。

4.2.2 优选绿道网串联的节点，扩展绿道的功能体系

对绿道网中的节点应进行重要性评价，挑选出较高级别的节点。绿道网选线规划应尽可能串联更多的有关自然和人文要素的节点，以充分展示地区的自然生态景观和历史文化底蕴，并为增强绿道吸引力、开发绿道综合效益奠定基础。这些节点包括：①自然节点，指具备生物多样性、景观独特性的区域；②人文节点，指具有一定文化、历史特色的区域；③城市公共空间，包括城镇建成区内的大型居住区、大型商业区、文娱体育区、公共交通枢纽等重点地区，以及公园、广场、绿地等公共开敞空间；④城乡居民点，指城乡宜居社区、乡镇和村庄等。

同时绿道多功能演变也会伴随着人们对绿道越来越深入的认识赋予其不断变化的使用需求。

（1）结合城乡统筹布局：绿道网的建设在将城市居民引入大自然的同时，也带给人们体验乡村生活的机会，吃农家饭、农业采摘等活动将为绿道沿线的农村居民提供多样化的就业机会，促进沿线的产业从农业向服务业过渡。绿道是一种通过绿色生态的方式促进城乡统筹、城乡一体发展、拉动农村经济增长的有效手段。浙江绿道的规划建设提供了大量的户外交往空间。近年来，浙江

省在美丽乡村建设中取得了较大成就，而美丽乡村的建设成果是绿道联系的节点资源。在嘉兴市，绿道建设和全市推进的城乡一体新社区和新市镇的"两新"建设工程相结合，将新市镇、新社区作为与自然、人文景点并重的资源节点，通过"顺藤摸瓜"的形式，有效连接，整合资源，促进农村经济发展。

（2）结合旅游资源开发布局：这类绿道的建设主要是为了串联区域内重要的景观资源和休闲旅游资源，通过廊道、自然游步道、徒步探险道、自驾车风景道等来结合连接城市通向风景名胜区、旅游区、森林公园等景区的建设。另外，中国的宗教场所不仅仅是作为物质空间与形态的存在，更是与中国文化、经济、政治息息相关，是社会文化象征的产物。我国山川、丘陵数量众多，面积占到国土的2/3。上古时代，山岳崇拜和祭祀已成为社会生活的重要内容。游览名山大川成为文人墨客的社会风尚，魏晋以后，崇尚"读万卷书，行万里路"，留下了无数的传世绘画佳作和诗文名篇。古代历代帝王为了巩固自己的统治地位，都会通过祭祀来达到目的，这也就促进了寺、观等宗教活动基地的兴建。信徒的朝山进香，也成为古代中国最原始的山岳旅游。中国宗教名山占名山总数的1/3，除佛教四大名山外，鸡足山、庐山、天台山等都因佛教而闻名。以道教出名的山除了武当山、青城山、三清山和龙虎山等四大道教名山外，还有华山、茅山、崂山等。此外，中国还有一些复合宗教名山，如泉州的三清山集儒、释、道和伊斯兰教等于一体，西昌泸山集佛教、道教和儒教于一体。结合宗教场所与名胜布局的绿道主要利用宗教与风景名胜资源，将宗教场所与名胜通过绿道进行串联，结合历史文化和宗教的连续性、地域单元的独立性和生态环境的完整性进行规划设计。引导宗教观光、宗教朝拜、宗教民俗等活动的开展。

（3）结合古道保护与开发布局：古代驿道、商道、官道、军道、郊游道、登山道、文化交流道、水道、林荫街道等古道统称为最接近于现代绿道的古道。古道集合了沿途城镇、村寨、古建筑、闸门、驿站、码头、桥梁、驿道等文化元素。古道逐渐成为一条综合性通道，在不同的朝代拓展并发展成熟，随着沿线居民的增加，货物和商贸活动也日渐活跃，驿道线也增加了除其本身特定的传递功能外的附加功能，这些改变都在不同程度地促进民族之间文化的融合。但是随着时代的变迁以及现代交通系统的出现，古道作为交通载体逐渐退出历史舞台，加上快速的城镇建设，古道基本呈碎片化留存至今，其历史价值也一直被忽视。这一类的绿道应遵循完整性、真实性、安全性、生态性、可持续性的原则，充分体现古道的历史和人文特色。目前浙江省域绿道规划对省内已存的古道资源进行充分挖掘，包括诸如徐霞客古道、仙霞古道、徽杭古道等40多处古道，以及京杭大运河、浙东运河等古代重要的经济、文化通道，杭州两任"前市长"苏东坡、白居易所建的苏堤、白堤，均整合到省级绿道网络中，展示浙江文化大省的魅力。而南粤古驿道保护利用，是广东"升级版"的绿道，南粤古驿道以文化遗产线路的方式让区域绿道在内容上得到极大的充实；将文化传承与农村人居环境改善和扶贫工作相结合。推动历史文化保护与农村人居生态环境综合整治和扶贫开发、乡村旅游、户外体育运动等工作相互融合，促进古驿道沿线农村面貌改善和经济发展。

（4）结合精准扶贫布局：城乡绿道系统中，绿道特别串联经济发展较弱的乡村地区；区域绿道系统中，有效串联中西部地区风景较好的乡镇和贫困县市等地区；同时结合乡村规划设计不同级别和规模的地方特色驿站，以增加停留时间促进地方服务业开展。这类绿道主要结合城市通向贫困地区的通道、古道进行建设。绿道是一条复合发展带，其发展的范围不仅为绿道线路本身，还包括周边一定范围内的发展节点所在的区域。首先可以对通往贫困地区的通道进行摸底调查，包括公路、水路、土路、山路等。其次，对这些通道及沿线的自然资源、历史资源、地形地貌等进行综合评价，选取绿道的最优线路，防止绿道的建设对该区域原有生态造成破坏。同时可以根据绿道线路沿线贫困区域自身及周边资源特点、产业发展思路与扶贫计划、绿道沿线功能需求，通过绿道的建设对扶贫对象实施精确识别、精确帮扶。如可按照扶贫区域的类型划分为旅游观光型、农林发展型、城郊服务型和生态改善型扶贫区域。

（5）结合古代文学艺术作品再现历史风貌：唐诗之路是中国山水诗、山水画的发祥地，佛教中国化时期的中心地，自东晋以来吸引了包括李白在内的 400 多位诗人到此，留下了众多诗作。浙东唐诗之路将唐诗与绿道结合起来，起自绿道 2 号线杭州萧山湘湖景区，沿浙东运河，至千年古城绍兴，乘乌篷船游鲁迅笔下的"周庄"、逛名人故里，一路沿曹娥江向南经沃洲湖风景区，游大佛寺、天姥山至天台国清寺参禅。该线路名山盘结，其间百溪清流环绕，两岸风光如画，以体验古人畅游诗词为特色，为经典唐诗之路、朝圣之旅旅游线路。

4.2.3 确定绿道网选线布局密度与绿道容量控制

分析区域内尤其是生态郊野地区绿道潜在的游憩价值和已开发项目对区域内的生态影响。通过容量控制方法降低项目开发，特别是具有生态危害的游憩项目的开发使用频率和活动范围。

根据建设现状、用地性质和地区服务功能需求，结合生态评估结果和城市长远发展要求，通过绿道网慢行道密度控制来确定合理的绿道容量，其中，生态型绿道适宜密度参考值为 0.03 ~ 0.10km/km²，郊野型绿道适宜密度参考值为 0.5 ~ 1.2km/km²，都市型绿道适宜密度参考值为 1.0 ~ 1.5km/km²。

4.2.4 确定绿道网的适宜路径

选取开敞空间边缘、交通线路和已有绿道等作为区域绿道网选线的依据，以优先串联重要节点为目标，综合考虑长度、宽度、通行难易程度和建设条件等因素，对线形通廊进行比较和选择，确定区域绿道的适宜线路：①开敞空间边缘，指体现自然肌理的水系边缘（如江、河、湖、海、溪谷等水体岸线）、山林边缘、农田边缘（如农田的田埂、桑基鱼塘的塘基）等。此类线形廊道最能体现绿道内涵，应优先予以考虑。②交通线路，包括废弃铁路、国道、省道、县道、高速公路，以及市政道路、景区游道和田间小道等。应根据交通流量、车行速度等确定各线路的适宜程度。例如，废弃铁路、景区游道和田间小道等非机动交通线路，应以游憩和耕作功能为主，在选线时可优先考虑；市政道路的慢行交通系统也可根据实际情况予以考虑；而国道、省道、县道及高速公路等快速机动交通线路，随着交通流量的增大和机动车速度的增加，应依次降低适宜程度，一般不宜选作绿道路径。③已有绿道，包括已建成的省立绿道。

4.2.5 加强绿道网与其他交通系统的接驳，完善绿道各类设施配套

绿道网选线应结合绿道功能开发地段，完善相应的慢行交通设施，突出以人为本的原则，加强区域绿道网与城市交通系统、慢行交通系统的接驳，完善换乘系统，连接城区与郊区、各功能组团与组团内部，提高区域绿道网的连接度与可达性。与市域公

共设施和市政设施相结合，按照绿道网选线要求与建设内容，完善区域绿道各类设施配套。根据确定的密度要求、容量要求，以及当地用地条件、经济状况和设施水平合理配置驿站与服务点，选择性地设置售卖点、自行车租赁点等商业服务设施，儿童活动区、健身区、观景点等游憩设施，以及宣教与展示点等科普教育设施，并设置必要的安全保障设施与环境卫生设施。

4.2.6　确定绿道边界与规划布局方案

绿道网选线应综合考虑绿道规划的生态、社会和经济外部效应，解读相关规划，征求各方意见和发展意愿，统筹衔接各地规划，以构建多目标方案，并进行多方案论证，最终确定绿道的控制边界，优化绿道网选线布局。

4.2.7　确定不同类型绿道规划方案

不同类型绿道规划设计指引见表 4-1。

不同类型绿道规划设计指引　　　　　　　　　　　　　　　　　　　　　　　　　　　表 4-1

类型		
1.滨水景观型	绿道示意图	 绿廊控制	（1）绿廊与慢行道呈平面交叉布局。 （2）慢行道的规划设计应遵循水体的天然走向，不宜采用裁弯取直、渠化、固化等方式破坏滨水的天然岸线。 （3）由于要满足人类休闲游憩的需要，此类绿道绿廊的植被设计应注意高大乔木的应用，以便为游人遮阴，避免强烈的阳光照射，同时，为滨水摄食的鸟类提供遮蔽和栖息场所。 （4）滨水护岸的处理，要满足人类天生的亲水性，护岸的形式宜平缓，不宜高陡。 （5）在缓坡浅滩区，可通过种植人工礁石的方式来恢复底栖生物系统，从而维持滨水生物链的完整
		规划措施	（1）保护生态环境与自然资源，合理利用滨水景观及自然植被，为动植物的繁衍、迁徙提供廊道和生境，维护城市生态系统的健康与稳定。 （2）结合滨水环境，完善城市慢行系统，结合周边绿地提供交流空间场所，加强人们亲近自然的空间
	绿道意向图 	规划控制	允许建设项目： 交通衔接设施（桥、摆渡码头等）、绿道穿梭巴士停靠站、医疗急救点、垂钓点、水上竞技等 禁止建设项目和活动： （1）开发类项目：如房地产开发、大型商业设施、宾馆、工厂、仓储等。 （2）污染绿道环境的项目，如不符合环境保护要求的农家乐、餐饮服务设施、油库及堆场等。 （3）对绿道环境保护构成破坏的活动，如砍伐树木、伤害动物、拦河截溪、采土取石等

续表

类型		

2. 山林景观型

绿道示意图

绿道意向图

绿廊控制
（1）绿廊与慢行道呈平面交叉布局。
（2）慢行道的规划设计宜遵循山林沟谷的天然走向，尽量利用原有的山路、土路，不宜大填大挖。
（3）由于慢行道的规划设计可能会对野生动物的迁徙造成影响，特别是小型哺乳动物，因此，建议在对动物迁徙路线调查的基础上，按照一定间隔在慢行道下设立生物涵洞等小型生物通道方式。
（4）最大限度地保护、合理利用场地内现有的自然和人工植被，维护区域内生态系统的健康与稳定，对场地内受到破坏的地带性植物群落，应以地带性植物为主，采用生态修复等技术手段，恢复具有地域特色的植物群落，并防止外来物种入侵造成生态灾害。
（5）通过种青引鸟等工程措施，利用地带性植物进行多样性的设计，营造和模拟自然的森林群落，为各种昆虫、小型兽类等动物创造安全、舒适的觅食、栖息和繁殖场所，从而诱惑更多的地带性动物前来，推动山林绿廊生态环境的良性循环

规划措施
（1）保护生态环境与自然资源，合理利用滨水景观及自然植被，为动植物的繁衍、迁徙提供廊道和生境，维护城市生态系统的健康与稳定。
（2）结合滨水环境，完善城市慢行系统，结合周边绿地提供交流空间场所，加强人们亲近自然的空间

规划控制
允许建设项目：
交通衔接设施（桥、摆渡码头等）、绿道穿梭巴士停靠站、医疗急救点、垂钓点、水上竞技等

禁止建设项目和活动：
（1）开发类项目：如房地产开发、大型商业设施、宾馆、工厂、仓储等。
（2）污染绿道环境的项目，如不符合环境保护要求的农家乐、餐饮服务设施、油库及堆场等。
（3）对绿道环境保护构成破坏的活动，如砍伐树木、伤害动物、拦河截溪、采土取石等

3. 绿地景观型

绿道示意图

绿道意向图

绿廊控制
（1）绿廊与慢行道呈平面合并布局。
（2）绿廊的植被设计应以乔木为主，宜以群落复层式种植：上层以浓荫大乔木保证绿廊的连续性和统一性；中下层则充分利用植物的观赏特性，营造色彩、层次和空间丰富的植物景观，既可以提升广东城市绿道的游赏乐趣，又为生物提供了宜居的生活环境。
（3）作为一种人工改造的生态系统，可以通过构筑人工鸟巢、松鼠洞等方式，吸引小型哺乳动物和鸟类筑巢，以增加或改善绿地的简单的生物链。
（4）在慢行道的部分区段，如低洼地等，可设立生物涵洞等小型生物廊道，以保障区域内小型哺乳动物的迁徙、交流

规划措施
（1）保护现有公园及风景区自然资源，为动植物的繁衍、迁徙提供廊道和生境，维护城市生态平衡。
（2）合理组织城市空间形态，提供市民交流空间场所，促进人与人之间的和谐关系，改善城市生活质量。
（3）利用原有公园或风景区园路，以保护为前提，提升绿化景观，完善城市慢行系统

规划控制
允许建设项目：
露营设施、烧烤场、鸟类及野生物观测点、流动售卖、医疗保障点、安全防护设施、无障碍设施等

禁止建设项目和活动：
（1）开发类项目：如房地产开发、大型商业设施、宾馆、工厂、仓储等。
（2）污染绿道环境的项目，如不符合环境保护要求的农家乐、餐饮服务设施、油库及堆场等。
（3）对绿道环境保护构成破坏的活动，如砍伐树木、伤害动物、拦河截溪、采土取石等

类型		

绿道示意图

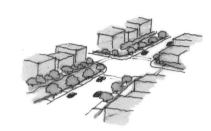

绿廊控制

（1）绿廊与慢行道呈平面分离布局。
（2）绿廊的植被设计采用复合种植模式，尽量增加单位面积的绿量：上层以浓荫大乔木保证绿廊的连续性和统一性；中下层则充分利用灌木和草本的多样性营造层次丰富的植被群落，为鸟类、昆虫和小型兽类提供通行廊道和隐蔽空间。
（3）由于绿廊和慢行道平面分离，要尽量加大此段绿廊的宽度和生物丰富度，使其成为该段城市绿道一处重要的生态岛。
（4）临车行道应以隔离式种植为主，保证游径的安全性

规划措施

（1）保护现有生态资源，为动植物的繁衍、迁徙提供廊道和生境，维护城市生态平衡。
（2）完善城市慢行系统，建立低碳健康的生活方式。
（3）道路景观型绿道的规划建设必须采取必要的使用者安全防护措施等内容。
（4）同步完善交通标识与交通管制措施

4. 道路景观型

绿道意向图

规划控制

允许建设项目：
交通衔接设施（桥等）、绿道穿梭巴士停靠站、宣教栏、流动售卖等

禁止建设项目和活动：
（1）开发类项目：如房地产开发、大型商业设施、宾馆、工厂、仓储等。
（2）污染绿道环境的项目，如不符合环境保护要求的农家乐、餐饮服务设施、油库及堆场等。
（3）对绿道环境保护构成破坏的活动，如砍伐树木、伤害动物、拦河截溪、采土取石等

绿道示意图

绿廊控制

（1）绿廊与慢行道呈平面交叉布局。
（2）农田生态系统作为一种典型人工建立的生态系统，农田中的动植物种类较少，群落的结构单一，并且人们不断地从事播种、施肥、灌溉、除草和治虫等人为干扰活动。因此，此类城市绿道绿廊控制以维持农业景观为主，在生态方面，以维持现有简单生态链为主。
（3）尽量减少剧毒农药的施用，宜采用生物防治的手段进行病虫害的防治，如蛇吃鼠或鸟吃虫的生态方式。
（4）在田埂上，尽量种植赤杨、杨梅等固氮乔木，既可为农作物提供养料，又为游客提供了遮阴场所

5. 农田景观型

规划措施

（1）保护现有乡村农田景观资源，为动植物的繁衍、迁徙提供廊道和生境，保护生物多样性，维护城市生态平衡。
（2）完善城市慢行系统，采用生态环保的路面材料，建立低碳健康的生活方式。
（3）促进旅游业及相关产业发展，提升城乡人居环境，改善城乡生活质量

绿道意向图

规划控制

允许建设项目：
交通衔接设施、绿道穿梭巴士停靠站、鸟类及野生物观测点、自行车租赁点、露天茶座、饮食点、流动售卖等

禁止建设项目和活动：
（1）开发类项目：如房地产开发、大型商业设施、宾馆、工厂、仓储等。
（2）污染绿道环境的项目，如不符合环境保护要求的农家乐、餐饮服务设施、油库及堆场等。
（3）对绿道环境保护构成破坏的活动，如砍伐树木、伤害动物、拦河截溪、采土取石等

4.3

城市绿道规划设计方法

城市绿道的建设特点是介于社区绿道和国家、省级（区域）绿道之间的，城市绿道不仅是对人们生活的场所进行美化，更要保护城市里生态敏感度高的景观资源，如河流、山体、大型公园、湿地公园等。对于生态资源的保护，高密度开发的城市与偏远地区的保护方法是不一样的，不能使用斑块、廊道的方法来保护城市的生态资源。城市级绿道连接国家、省级（区域）绿道与社区绿道，联系城市主要功能组团。相对于国家、省级（区域）和社区绿道，城市绿道满足了更多城市生活的居民娱乐休闲、游憩、出行的需求，所以城市级绿道网络规划以生态和游憩功能并重。

4.3.1 结合城市空间形态，确定绿道网布局

城市绿道的选线应结合城市空间形态进行科学论证与分析，选取市域范围内最有代表性的森林公园、滨水空间、文化遗迹和传统街区等自然、人文节点以及城市功能组团进行有机串联，并与省立绿道、相邻城市绿道和城市慢行系统对接，形成疏密有致、布局均衡的城市绿道网络格局。城市绿道规划选线应重点考虑以下六大要素：

（1）构建完整的自然生态网络。顺应山林、水岸、农田等开敞空间和道路的走向，构建城市的生态网络结构，彰显"尊重自然、灵活多样"的布局理念。

（2）串联重要的发展节点。组织串联森林公园、滨水空间、文化遗迹和传统街区等重要自然和人文节点，实现对资源的有效利用。

（3）塑造良好的城市空间格局。与城市空间结构相契合，构筑结构性通廊，承担组团之间的联系和绿化隔离功能。

（4）联系城市公共空间。引导城市绿道深入城区内部，串联公园、广场等公共开放空间，成为公共空间体系的联系通道，起到为城镇通风降温的作用。

（5）衔接交通换乘系统。城市绿道应尽量与城市公共交通系统相衔接，通过完善换乘系统，提高城市绿道的可达性。

（6）形成完善的绿道网络系统。发挥承上启下的作用，与省

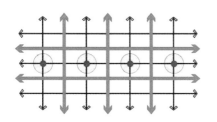

图 4-4 网格状布局形式

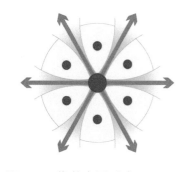

图 4-5 楔状布局形式

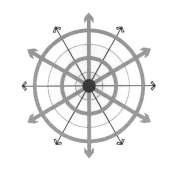

图 4-6　环形加放射状布局形式

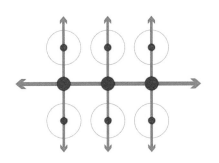

图 4-7　藤蔓状布局形式

立绿道及相邻城市绿道网对接，加大绿道网络密度；并在居住社区、中心商业区、公共交通枢纽以及大型文娱体育区等人流密集地区，因地制宜向社区延伸，承担更多日常绿色出行功能。

4.3.2　确定绿道网络布局形式

城市绿道的规划布局可灵活采用网格状、楔状、环形加

放射状、藤蔓状和混合式等多种结构形式。

（1）网格状：网格状城市绿道网总体上以轴向拓展为主，绿道结合城市形态依附道路或者平行道路呈现网格状的布局特征（图4-4）。该类型较为常见，适用于地形平坦的城市。绿道可顺依地形条件弯曲变化，不局限于直线与直角的组合。优点是布局均衡，能很好地服务于各城市功能组团。

（2）楔状：楔状城市绿道网主要沿楔形绿地展开，以放射线的方式从城市内部拓展到城市外围（图 4-5）。该类型多适用于生态环境优美的山地城市，或者是单中心发展为主的城市。优点是城市与郊野联系便捷，最大限度亲近自然，环境保持较好。

（3）环形加放射状：环形加放射状城市绿道网呈单中心放射加环状分布，放射形绿道与外环绿道相接（图 4-6）。该类型是楔形城市绿道网发展的高级形态，适用于单中心发展的大城市，绿道网络密度由中心向外围逐渐降低，它结合了网格状和楔状绿道网络的优点，城市与郊野自然环境交融较好，有利于自然与人文节点的组织串联。

（4）藤蔓状：藤蔓状城市绿道网是指城市绿道主线从各城市功能组团之间穿过，支线呈枝蔓状与主线相交并向主线两侧的城市空间拓展（图 4-7）。该类型适用于聚集程度较低的镇区、农村地区及生态地区，优点是灵活度大。

（5）混合式：混合式城市绿道网布局是指顺应自然地形，依托河流、道路、历史文化遗产等要素布局，由上述几种类型空间形态的两种或者几种自由组合形成，并尽可能地串联各城市功能组团。该类型适用于地形起伏、水网密布的山水城市，变化丰富、没有固定形式，有利于组织自然人文节点和城乡景观。

4.3.3　确定不同地段城市绿道规划设计

城市绿道经过的地段类型多种多样，其中比较典型的有滨水地段、山林地段、乡村郊野地段、绿地地段和城镇地段等（表 4-2 ~ 表 4-6）。

滨水地段绿道规划设计指引 表4-2

类型	指沿着江、河、湖、海、溪谷等水体岸线，经过滨河绿地或滩涂湿地，具有滨水生态景观特征与亲水环境的绿道。
模式图	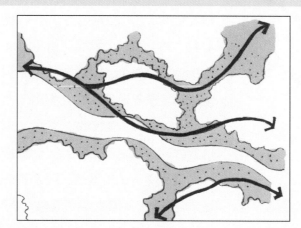
示意图	

规划导则		绿道穿越江、河、湖、海、溪谷、滩涂湿地等水体岸线，应保证安全、稳定、健康的城市基础水环境，通过保护、改造以及生态修复等手段构建连续的线形滨水生态廊道，促进城市滨水区环境改善与功能开发
分项规划设计指引	自然系统	绿廊系统	保护城市原生河涌水系的生态性、多样性与安全性； 运用生态湿地、雨水收集与生态驳岸等措施恢复人工改造的城市水系； 丰富滨水生态廊道的植被层次及类型，恰当运用水生植物
	人工系统	交通系统	慢行系统的设计应满足人的亲水性； 应与城市慢行系统、机动交通系统合理接驳； 配备完善的交通导识系统与交通管制措施
		服务系统	充分利用滨水沿线原有的城市服务设施，如码头、活动广场； 合理布置独具特色的服务设施，如亲水平台与文化设施； 根据水系的具体情况，完善截污减排、河岸堤防等水利基础设施

山林地段绿道规划设计指引 表 4-3

类型	指经过山脊、山谷等地形起伏地区，或经过林地、森林公园等用地的绿道		

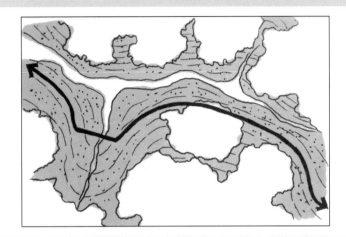

模式图

示意图

规划导则			绿道经过山脊、山谷等地形起伏地区，应合理利用山林自然地原有的生物气候条件、原生风貌及人文景观，提供户外运动、郊野游憩、自然教育的场所
分项规划设计指引	自然系统	绿廊系统	保护及利用山林自然和人工植被，宜划分保护区、保育区与游览区，进行分级保护和控制； 应以地带性植物为主，采用生态修复等技术手段，恢复具地域特色的植物群落，并防止外来物种入侵造成生态灾害； 采用水土保持措施修复受损山体，改变坡面微小地形，增加植被覆盖，保土蓄水，改良土壤
	人工系统	交通系统	慢行道的规划设计宜遵循山林沟谷的天然走向，尽量利用原有的山路、土路，不宜大填大挖； 应结合野生动物的生活习性及迁徙路线进行慢行道的规划设计； 可策划科考探索、户外越野、登高游览等山林游线； 应与城市慢行系统、机动交通系统合理接驳
		服务系统	山林内应避开生态敏感区新建服务设施； 结合山林的特点布置树屋休息区、野营地等游览设施； 配备完善的标识系统、安保设施与消防设施； 合理设计照明系统，如在使用率低的地段合理降低照明设施的密度及亮度，鼓励采用低碳照明及生态照明设施

乡村郊野地段绿道规划设计指引   表 4-4

类型	指经过乡村、农田，通过耕地、园地或其他农用地，拥有乡村田野风光的绿道形式
模式图	
示意图	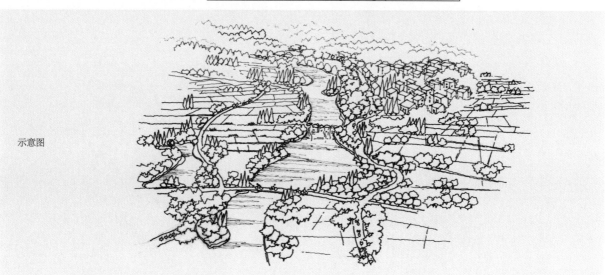
规划导则	应串联主要历史村落，以维持和保护原有农业景观以及乡村田野肌理为基础，结合现有村庄设施，促进新农村人居环境建设与村镇农业经济发展，塑造独具特色的田园生态景观

分项规划设计指引	自然系统	绿廊系统	保护和维持农田生态系统中简单的生态链以及单一的群落结构； 完善农田防护林体系； 根据选线的具体情况，通过退建还耕等手段，合理恢复及整合农田； 完善农田基础设施的建设； 大力发展生态农业，推广生态种植及生态防治技术
	人工系统	交通系统	慢行道的规划设计宜充分利用原有的乡村以及田间道路，在大片连续性的农田间，可采用栈道等下层架空方式穿越； 应结合野生动物的生活习性及迁徙路线进行慢行道的规划设计； 农田型绿道应与城镇慢行系统、机动交通系统合理接驳，尽量与城镇交通枢纽、城镇居住中心、农业研究基地等节点衔接； 配备完善的标识系统与交通管制措施
		服务系统	完善乡村农业观光、农家住宿餐饮、历史村落游览等独特的景点设施； 充分利用废旧农业材料、农业产品进行绿道设施建设与开发

绿地地段绿道规划设计指引

表 4-5

类型		指经过城市公园绿地、道路防护绿地或风景名胜区等绿地，具有良好的绿地景观与休闲设施的绿道	

模式图

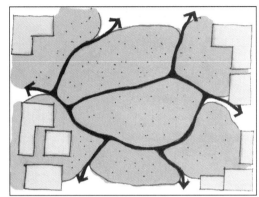
城镇绿地型

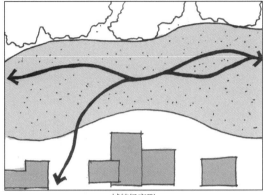
城镇绿廊型

示意图	

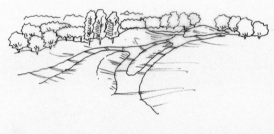
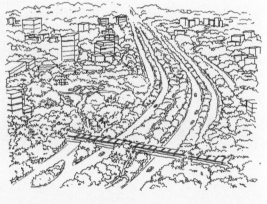

规划导则			绿道经过城市公园等绿地，应以保护和优化城市绿地系统为目标，充分利用绿地景观资源，综合利用公园、绿地内丰富的休闲设施修建绿道
分项规划 设计指引	自然 系统	绿廊 系统	保护绿地原有的生态格局及其生物多样性，避开生态敏感区； 绿廊的植被设计应进行群落复层式种植，优化绿地植被生境结构； 防护型绿地在保证隔离作用的前提下，宜尽量加大绿廊宽度及生物丰富度； 鼓励采用滴灌、中水浇灌等生态节水技术
	人工 系统	交通 系统	可采用平面相交及隧道、栈道、空中立体廊道等立体交叉方式通过城市绿地； 应与城市慢行系统、机动交通系统、游憩系统合理接驳
		服务 系统	充分结合绿地原有主题特色与环境特色连接功能多样的服务节点与场所； 尽可能利用城市绿地原有的设施； 绿道服务管理系统应与绿地原有系统相协调

城镇地段绿道规划设计指引

表4-6

类型	指位于城镇建成区内，承担城镇环境保护与改善、文化保护与城市更新等功能的绿道

模式图

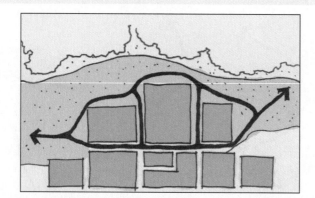

穿越城市空间	回归街道生活

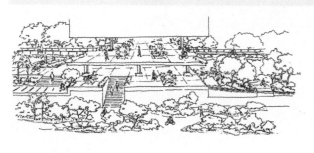

规划导则	规划导则

绿道经过城镇区，无法满足绿道建设用地的需求的情况下，可通过局部改造，采取穿越立体城市空间，如地面、地下、建筑架空、空中立体廊道或屋顶平台等方式来保证绿道的连续性

结合城市公共设施，将绿道有机融入城市的街道生活，并体现城市功能的复合性；
改变以机动车交通为主导的规划理念，以城市绿道引导健康绿色生活

废弃交通廊道更新	旧城区更新（旧村、旧工业区等）

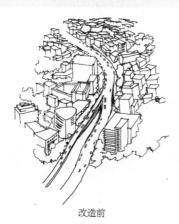

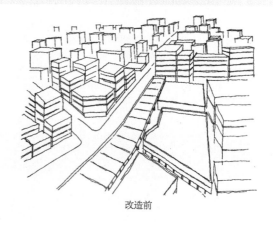

改造前	改造前

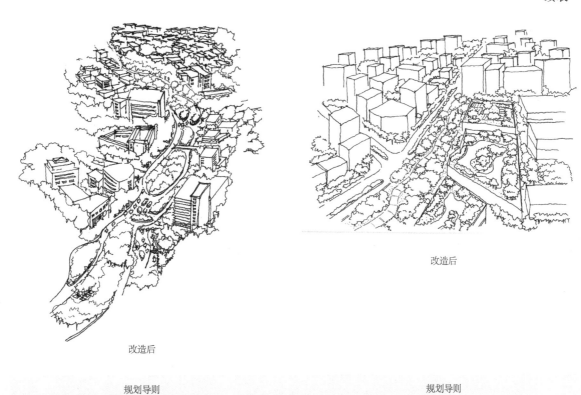

改造后

改造后

			规划导则	规划导则

<table>
<tr><td colspan="3"></td><td>充分利用城市交通廊道, 通过生态改造使其成为城市生态廊道的组成部分;
将影响城市生态环境的交通设施 (如高架桥) 改造设置于地下, 利用原有
空间建设绿色廊道</td><td>充分利用旧城、旧村等城市旧区, 通过改造更新恢复其活力;
利用景观及生态措施, 对废弃的工业区、仓储场地、工业废弃物的处理场
地等进行改造, 转换功能, 提升其土地价值</td></tr>
<tr><td rowspan="6">分项规划
设计指引</td><td rowspan="6">人工
系统</td><td>绿廊
系统</td><td colspan="2">通过修复破碎的生态斑块及增加生态用地, 营造连续的生态绿廊;
注重立体绿化、屋顶绿化等复合种植方式, 以各种技术手段增加单位面积的绿量;
在废弃用地中, 采用乡土植物为主, 进行乔灌草搭配种植, 恢复生态环境</td></tr>
<tr><td>交通
系统</td><td colspan="2">可采用平面相交、穿越城市空间的地下、建筑架空、空中立体廊道或屋顶平台等方式通过城市建设区;
城镇绿道应与城市慢行系统、机动交通系统合理接驳, 尽量与交通节点、居住区中心、商业中心、公园入口等节点衔接;
配备完善的标识系统与交通管制措施</td></tr>
<tr><td>服务
系统</td><td colspan="2">充分利用城镇中原有的城市观光、休闲娱乐、历史文化等服务设施, 连接功能多样的服务节点与场所;
鼓励太阳能、风能、生物能等新能源的开发与利用, 回收利用各类废弃物用于绿道服务设施的建设;
合理设计照明系统, 尽量采用生态照明及低碳照明设施, 注意照明亮度与色温的控制</td></tr>
</table>

4.4
社区绿道规划设计方法

社区绿道是对城市绿道的一种延伸和补充，它在现实生活中主要功能是提供休闲游憩的场所，是城市居民日常生活中需求层面较为重要的一部分。社区级绿道网络在城市绿道网络建设的框架下，所以社区绿道不仅能够增加绿道网的密度，还能够实现社区级绿道与城市级绿道的衔接。社区级绿道涉及的范围很广，包括社区之间与内部、居住区与商业区、乡村等各种方便人们休闲与工作的绿道。

因此社区级绿道应该建立在绿色步道和非机动车道网络相结合的基础之上。

4.4.1　连通不同社区

在我国，社区是相对独立的，各个社区内部都有着较完全的功能，这使得居民之间的交往相对较少。而社区绿道的建设，可以改变这种情况，能加强社区与社区之间的交流。在利用社区现有绿地的条件下，可将每个社区之间的中心绿地串联起来，并可以专门再开辟其他的绿道，这样既可保证绿道之间的通达性与可及行，同时还可以与相邻的设计进行衔接。

巴塞罗那铁轨花园在巴塞罗那桑兹区中，建于 20 世纪的火车与地铁轨道如同一道遗留在城市肌理中的巨大伤疤。2002 年，城市管理局决定联合区域内形成相关机构与社区委员会，启动针对这片铁路走廊区域的城市更新计划。他们将一个通透的"盒子"笼罩在铁轨上方，最终打造出一个 800m 长的空中花园。

4.4.2　连通社区内部

我国城市的单位或社区的居民大多是在社区内部进行活动，所以其内部步行及自行车通行的通畅性至关重要，如何改善人们的通行环境，建立一个安全的、舒适的绿道环境，则是社区绿道规划建设的首要目标。此外可以利用社区内部相对集中的绿地开敞空间，用于拓宽绿道的建设，从而提高了绿地的使用率，也方便居民更加便捷地进入绿道空间当中。

古美路是上海首条环社区核心区域城市绿道系统，全长约 4.5km，围绕古美社区的核心区域形成一个闭环，具体分为平南路、合川路、顾戴路、莲花路 4 个路段，根据每个路段的原有特点打造各具特色的风貌。绿道辅以垂直绿化的墙体，可营造出"花间漫步"的意境。

4.4.3 串联社区与周边开放空间

户外开放空间尤其是在公园绿地进行娱乐休闲，是人们日常生活中的一部分。因此可以将公园、广场及居住区中间的绿地串联起来，连接成绿道，最大化地提高绿地的使用率。

位于美国康涅狄格州斯坦福市的弥尔河公园曾经是被人为开挖、污染严重的河岸地区，而今却是一个郁郁葱葱的、非常有活力的城市空间，并彻底改善了城市生态和社会结构。

新加坡通过公园串联系统建设，连接自然的开敞空间（如红树林湿地、森林和自然保护区等）、主要的公园（如区域公园等）、体育与休闲用地（如高尔夫球场、露营地、体育场等）、隔离绿带（如居住新镇之间地缓冲绿化带）、局部的绿化通道（如在新镇内联系居住邻里和新镇中心的商业绿化步行街）、其他开敞空间（如军事训练基地和农业用地等）等六类开敞空间。方便、可达性强的公园串联系统（绿道），成为居民散步、慢跑、骑自行车的理想场所。

4.4.4 连通住区与商业区

为了满足人们日常的出行购物，可以沿着居住区的中心绿地与商业街设置专门的绿道。

深圳华侨城社区公路两旁设有绿道，相对宽阔红色的绿道用塑胶面铺设，耐用无噪声，环保人性化，绿道在高大树木环绕下，在燕晗山郊野公园和天鹅堡大水塘中间穿过，自行车专用道与创意园、生态广场及住宅小区相连，使住宅区与商业区有机衔接。

4.4.5 结合居民日常生活需求建设

社区级绿道网络相对成熟级绿道网络来说，更贴近人们的生活，是社区居民日常生活的一部分。基于日常生活的社区绿道规划设计，应坚持社区主导，在政府和专家有效地管理和引导下，通过社区居民与社区组织的日常互助合作，实现自下而上的渐进式更新；提倡公众参与，从法规的制定时即明确社区居民参与的组织程序和法律地位；回归多维感官，不仅要考虑视觉上的审美，更要满足居民在其中听觉、嗅觉的感受，以创造更有利于居民活动和交往的空间；营造特色场所、刺激消费等。

此外，城市中的老年人是社区绿道使用频率较高的群体，而社区绿道紧邻居住区，成为他们在城市户外活动最为便捷的地段。在规划设计中，应充分考虑老年人的生理和心理需求，提供安全性、便捷性和舒适性的绿道，以及具有陪伴交流、外界尊重和群体归属感的活动空间。

4.5

专项规划设计要点

绿道专项规划设计主要包括对城市空间规划的优化调整及绿廊系统、慢行系统、服务系统、标识系统。

4.5.1 优化调整城市空间

现有城市总体规划对于市域生态系统关注较少，虽然在 2012 年版城市用地分类中，有所改善。但是市域的绿地、水域、自然保护区、农田、林地等和城市建设用地中的绿地之间缺乏统筹规划，所以一定要先期开展区域或者市域的生态战略规划，要尊重生物多样性，尊重人、自然、动植物。除了让人有尊严，让动植物也有尊严。要综合研究自然地理，水、大气、土壤各项生态因子，进行生态格局的研究，对文化、历史、传承、旅游等进行综合的协调，确定城市的发展方向和发展方式。

我们目前的绿地分类，还不健全，不系统。从用地分类上看，城乡用地分类标准中，非建设用地即水域和农林用地，与城市建设用地中的绿地分类，都是在生态系统中起着重要作用的用地，这些用地在应城乡一体化的背景下，予以整体规划。绿地的功能还包括游憩、文化、防灾等内容。

1）从生态战略的角度看用地规划，主要有：

（1）区域的游憩开放空间类。主要包括风景名胜区、植物园、郊野公园、野生动物园、农业公园、绿道和生态廊道等，以及城市内部的公园绿地类。

（2）生态防护类。主要有水源保护区、河流水系、自然保护区、生态风景林带、城市隔离绿带、防护绿地、自然湿地等。

（3）生态恢复类。即棕地再利用，主要包括废弃地恢复绿地、垃圾填埋场恢复绿地、矿山或矿坑恢复、采石场恢复等。

（4）生产经济类，主要有耕地、养殖水域、菜地、园地、水田、苗圃、经济林地、牧草地等。

（5）弃置地。主要是一些有土壤污染、塌陷、盐碱等尚不能使用的土地，可以在自然状态下，恢复成有一定生态功能的开放空间。

2）需要重新审视现有的城市规划，尽可能挤出用地给绿色，摒弃将最好的用地留给建设的规划方法，而应留给生态，留给子孙。

3）在城市规划中，应尽可能地做好开放空间和生态防护类用地的保护和持续发展。在规划策略上，首先应在土地利用规划中，将对城市生态有重要作用的用地，预留出作为绿地或者生态用地保留，并在区域范围内实现城乡一体化。形成完整的生态系统。核心绿地、楔形绿地、翡翠项链等都是有益的尝试。

4）对于废弃地和生态恢复类用地，应尽可能予以自然恢复和改造，使之发挥生态作用。

5）野生动物进城，除了完善区域生态系统之外，应见缝插针，采用变更土地性质、绿地改造提升、屋顶绿化等不同方式，在城市中营造森林、绿带、湿地等野生动物栖息地。

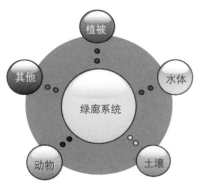

图 4-8　绿廊系统示意

6）最大可能地拓展城市绿道用地来源。如何获取绿道建设的用地成为绿道规划面对的第一个问题。本书提出了四种手段可用来拓展绿道用地的来源途径。

4.5.2　绿廊系统

绿廊作为景观设计学和景观生态学中最重要的组成部分之一，指的是在景观环境中，具有不同于两侧相邻环境的带状或者线状结构的廊道，该性质的廊道便称为绿廊。绿廊是绿道控制范围的主体，绿廊系统的构成包括了水体、土壤、植被等有一定宽度的绿化缓冲区（图 4-8）。

根据绿道选线周边的生态状况，改造或新建多个城市生境小斑块，逐步恢复和提升城市生态廊道的连通性和丰富度，有利于野生动植物繁衍和迁徙。

绿化宜采用群落复层式种植方式。上层以浓荫大乔木为主，保证绿廊的连续性和统一性，中下层则充分利用植物的观赏特性，营造色彩、层次和空间丰富的植物景观，提升绿道的游赏乐趣。在绿化条件受限，无法大面积种植乔木的部分绿道中，应加强下层植被的建设，特别是增加灌木层树种的多样性。宜多种植色彩艳丽、开花的蜜源性植物，以吸引昆虫类动物。

通过增植乡土植物，构建地带性复合植被群落体系，恢复生态链底层初级消费者的数量和种类。可利用涵管式动物廊道、生物围篱、鸟类筑巢平台等动物廊道技术方法，优化生物栖息环境，建立沟通廊道。

鼓励垂直绿化、立体绿化等各种增加绿量的生态化技术措施。

从绿廊的生态效益看，廊道的宽度会对绿廊产生不同的影响，从较为广泛受认可的数据上划分，主要有 12m、30m 和 60m 三个数据，越宽的廊道所形成良好生态的系统的机会越高。12m 是带状廊道的最低宽度要求，而能容纳一定数量的边缘种则要求廊道宽度在 12 ~ 30m，但是这样的廊道缺少多样性，也不稳定。而当廊道宽度达到 60 ~ 90m，甚至更宽的时候，多样性才能得以体现。

下文通过分析 8 种不同功能的绿廊，提出对绿道建设具有普遍适用意义的绿道适宜宽度值。

1. 生物保护类绿道

生物保护类绿道是从生物保护的角度出发，要确保区域范围内的生物环境都能得到有效的保护和恢复，不仅仅是要保证景观斑块间的景观生态流正常运行，同时还要考虑到动植物的栖息地得到保护和恢复，以及生物种群之间要进行迁徙和基因交流（表 4-7）。

生物保护类绿道适宜宽度表   表 4-7

区位		基本宽度（m）	功能
都市型绿道	动物保护 12 ~ 600	12 ~ 100	无脊椎动物、水生动物、两栖动物和飞行动物等的保护
		100 ~ 600	中型爬行动物、少量两栖动物和水生动物的保护
	植物保护 3 ~ 60	3 ~ 8	草本地被类植物的保护
		8 ~ 20	乔灌木植物的保护
		20 ~ 60	森林或成片性植物生境的保护
郊野型绿道	动物保护 12 ~ 1600	12 ~ 200	无脊椎动物、水生动物、两栖动物和飞行动物等的保护
		200 ~ 900	中型爬行动物、少量两栖动物和水生动物的保护
		900 ~ 1600	少量大型爬行动物的保护
	植物保护 3 ~ 200	3 ~ 20	草本地被类植物的保护
		20 ~ 80	乔灌木植物的保护
		80 ~ 200	森林或成片性植物生境的保护
生态型绿道	动物保护 >12	12 ~ 600	无脊椎动物、水生动物、两栖动物和飞行动物等的保护
		600 ~ 1200	中型爬行动物、少量两栖动物和水生动物的保护
		>1200	少量大型爬行动物的保护
	植物保护 3 ~ 600	3 ~ 60	草本地被类植物的保护
		60 ~ 200	乔灌木植物的保护
		200 ~ 600	森林或成片性植物生境的保护

2. 水系保护类绿道

水系保护类绿道主要是以保护溪泉、河流、湿地、水库等为主，目的是为了保护水生动植物的生态系统的正常运行，并且能够对已经被破坏的水体进行恢复（表 4-8）。

水系保护类绿道适宜宽度表   表 4-8

区位		基本宽度（m）	功能
都市型绿道	10 ~ 400	10 ~ 200	一般性河流水系保护
		200 ~ 400	大型或流域型河流水系保护
郊野型绿道	10 ~ 500	10 ~ 300	沟渠、水库、河流、湖泊水系保护
		300 ~ 500	大型或流域型河流、湖泊和水库水系保护
生态型绿道	10 ~ 600	10 ~ 400	沟渠、河道、河流、湖泊、水库等水系保护
		400 ~ 600	大型或流域型河流、湖泊、航道和水库等水系保护

3. 山脉保护类绿道

山脉保护类绿道是针对山脉、山体的保护而建设的绿道。这种类型的绿道沿线自然资源都非常丰富，通常是连接着自然保护区和森林公园。山脉保护类绿道的建设，能够增强自然生态环境支撑体系，同时还能够促进绿道周边区域生态系统的稳定，加强区域内各个物种、生物流等的交往（表 4-9）。

山脉保护类绿道适宜宽度列表 表 4-9

区位	基本宽度（m）		功能
都市型绿道	10 ~ 20	10 ~ 12	陡峭型或通行困难类山脉保护
		12 ~ 20	缓坡型山脉保护
郊野型绿道	10 ~ 40	10 ~ 20	陡峭型山脉保护
		20 ~ 40	缓坡型山脉保护
生态型绿道	10 ~ 60	10 ~ 30	陡峭型山脉保护
		30 ~ 60	缓坡型山脉保护

4. 绿地保护类绿道

该类绿道主要是针对各类公园、林地等公共性开敞绿地，其功能是既可以为人们提供一个亲近大自然的绿色空间，同时还能够保障维育地区范围内的生态环境和物种多样性（表 4-10）。

绿地保护类绿道适宜宽度列表 表 4-10

区位	基本宽度（m）		功能
都市型绿道	12 ~ 60	12 ~ 20	小型公园类、绿化带、滨河绿地、街旁绿地等绿地的保护
		20 ~ 600	风景名胜区、城市湿地、大型公园类等绿地的保护
郊野型绿道	12 ~ 120	12 ~ 80	风水林、道路绿带、河岸绿地、生产绿地等绿地的保护
		80 ~ 120	郊野公园、保护区、湿地、水源保护地等绿地的保护
生态型绿道	12 ~ 200	12 ~ 100	一般性公园类、道路绿带、河流绿地、田园绿地、林地等绿地的保护
		100 ~ 200	保护区、湿地、大型公园类等绿地的保护

5. 人文型绿道

该类绿道主要是针对人文性资源进行保护和利用，包括民俗、民风等人文性资源进行保护和利用，不仅能够将中国地域性传统特色生动地体现出来，同时还对保护传统民俗文化起到了重要的作用（表4-11）。

人文型绿道适宜宽度列表　　　　　　　　　　　　　　　　　　表4-11

区位	基本宽度（m）	基本宽度（m）	功能
都市型绿道	10～50	10～20	小型或是点状的人文资源点的保护
		20～50	大型或片状的人文资源点的保护
郊野型绿道	10～100	10～50	小型或是点状或线状人文资源点的保护
		50～80	大型片状或面状人文资源区的保护
生态型绿道	10～100	10～60	小型或是点状或线状人文资源点的保护
		60～100	大型片状、线状或面状人文资源区的保护

6. 遗迹和遗址型绿道

遗迹和遗址型绿道的主要功能是通过保护和展现现有保存的古代遗留战场、文物古迹和历史遗迹遗产等重要历史遗留文化景观，绿道的构建不仅对历史遗址遗迹的保护和延续具有重要作用，同时也是对历史文化和遗迹的一种怀念（表4-12）。

遗迹和遗址型绿道适宜宽度列表　　　　　　　　　　　　　　　　表4-12

区位	基本宽度（m）	基本宽度（m）	功能
都市型绿道	50～500	50～250	小型的历史遗迹、文物古迹或遗址的保护
		250～500	中型历史遗迹或遗址的保护
郊野型绿道	50～1500	50～500	中小型的历史遗迹、文物古迹或遗址的保护
		500～1500	大型遗迹、古战场或遗址的保护
生态型绿道	50～2500	50～1500	中小型的历史遗迹、古战场、文物古迹或遗址的保护
		1500～2500	大型遗迹、古战场或遗址的保护

7. 游憩娱乐型绿道

游憩娱乐型绿道是一种线形游憩空间，是依托于水体、山脉、历史文化等特殊资源沿线布置的绿道，这种绿地形式同时具有观赏价值和满足游憩需求的功能（表 4-13）。

游憩娱乐型绿道适宜宽度列表　　　　　　　　表 4-13

区位	基本宽度（m）		功能
都市型绿道	10 ~ 20	10 ~ 15	极限运动园、美食园等小型娱乐项目的活动空间
		15 ~ 20	游乐场等大型娱乐项目的活动空间
郊野型绿道	8 ~ 15	8 ~ 12	探险基地、美食园等小型娱乐项目的活动空间
		12 ~ 15	游乐场、儿童乐园等大型娱乐项目的活动空间
生态型绿道	6 ~ 12	6 ~ 8	欢乐园、美食园等小型娱乐项目的活动空间
		8 ~ 12	游乐场、儿童乐园等大型娱乐项目的活动空间

8. 科普教育型绿道

科普教育型绿道是进行科普教育的重要场所，能够为人们在业余时间获得环境教育、感化教育、励志教育等知识提供途径，不仅仅是提供了一个户外学习的机会，还能够提高居民的文化素质（表 4-14）。

科普教育型绿道适宜宽度列表　　　　　　　　表 4-14

区位	基本宽度（m）		功能
都市型绿道	60 ~ 100	60 ~ 80	中小型教育资源点而言，比如一些忠烈坊、纪功柱等点状展示区
		80 ~ 100	大型展示资源点而言，比如一些历史教育街道、名人故居等教育区
郊野型绿道	30 ~ 60	30 ~ 45	小型教育资源点而言，比如一些牌坊、纪念陵园、纪功柱等点状展示区
		45 ~ 60	中大型展示资源点而言，比如一些历史古巷道、名人故居、古村落等教育区
生态型绿道	2 ~ 30	2 ~ 15	小型教育资源点而言，比如一些展示点、牌坊、宣传栏、纪功柱等点状展示区
		15 ~ 30	中型展示资源点而言，比如一些历史古巷道、古墓、古树、古村落等教育区

4.5.3 服务系统

1. 中国古代特色便民服务设施

（1）亭——古代中国人情表达在绿道景观上的物质载体

中国从秦汉时期就建立发展起了馆驿制度，而亭作为道路的附属设施，是古代的一种单体园林建筑和行政管理制度，同时也是古代道路的建筑设施，立于道路两侧的"边地岗亭"，与周边环境、植物共同形成道路的立面景观，是道路景观的一道风景线。

（2）牌坊——古代中国精神文化在绿道景观上的物化展示

牌坊也称牌楼，又被称为绰楔。它是中国特有的一种门洞式建筑，是古代中国道路所独有的景观特征。在古老中华大地"阳关大道"上，无处不见牌坊。牌坊的重要性在于它宣扬了"忠、孝、仁、爱、节、义、礼、智、信、廉"的中国古代社会的核心价值体系。牌坊以独特的形式改变人们的情感、行为，借此来宣传古代中国主流思想文化。

（3）驿站

驿站是中国古代的驿递（邮驿）系统，作用为传播政治、经济、军事等各类信息。在道路上，每间隔一段距离就会设"邮""驿"，是专门为传递信息的人设置的休憩场所，并且能够提供食宿和车马。而古代的驿递制度则是一种交通制度，用于承接过往官员、使节和邮递文书任务（图 4-9）。

修建和维护驿站，特别是规模比较大的驿站，需要庞大的开支，

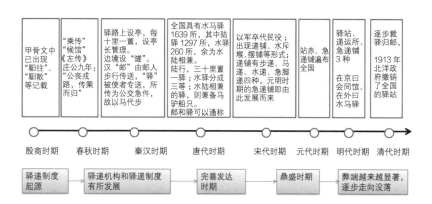

图 4-9　中国驿递制度发展示意

用于配备专门的服务人员、花匠与工匠。与此同时，还能为驿站带来相应的商业活动。

2.服务设施的分类

服务设施设置应按照城市绿道专项配套规划确定的密度要求，结合当地用地条件、经济状况及设施水平合理配置；应充分利用现有的游览与管理设施，减少建设和维护成本，为市民提供畅通、便捷、安全、舒适、经济的服务条件；应根据绿道功能与使用需求，结合当地自然和文化特色选择性地设置商业服务设施（如售卖点、自行车租赁点等）、游憩设施（如儿童活动区、健身区、观景点等活动场地）、科普教育设施（科普宣教设施、解说设施与展示设施）；应根据需求设置安全保障设施（如治安消防点、医疗急救点、安全防护设施等），配备必要的环境卫生设施（如公厕、垃圾箱、污水收集点等）；应根据绿道晚间实际使用需求安装照明设施，同时必须设置防火、防漏电等安全设施。绿道照明应制定适宜的照度（亮度）、颜色和眩光限制，设计应以达到辨认清晰和视觉舒适为基本要求。应根据具体的环境因素制定科学的照明自控程序，充分利用绿色节能的照明设施（如太阳能照明系统）实现节能低碳照明目标。

公共服务设施不能一成不变，应根据游客的需求进行升级，随着绿道的变化而发展，而当今随着中国绿道设计水平的逐渐提高，绿道中服务设施系统的研究和设计也应该同步发展。

（1）公共卫生类

包括独立公厕、垃圾桶等。垃圾桶作为清洁保护环境最重要的一环，一定要对布点位置进行充分的考虑与合理的设置，让游客能够随时丢弃手中的垃圾。人群密集区域应设置比正常标准更多的垃圾桶，以满足游客的需要。对于独立公厕的位置选择，应该注意距离的长短，也要适当，不能过多也不能过少；对于公厕的环保措施的利用，要考虑到对环境的保护。

（2）休闲休息类

包括健身设施、休闲座椅、绿道驿站、儿童游玩设施等。这些设施其位置选择，要根据游客的使用需求进行布局。如休闲座椅，需要对座椅的需求量进行计算，通过最大承载量的计算，再结合每条绿道的承载量，得出座椅的最佳数量。对于需要关爱的人群，同样需要计算步行的最远距离，测算相应的休闲座椅数量，如老人、小孩、残疾人。

（3）需求供给类

包括报刊亭、照明灯具、售货亭等。照明灯具应当使用环保的材料以及发电方式，来节省对资源的利用，包括路灯、照明地灯、小品射灯等，这也顺应了绿道所倡导的绿色生态理念。在人流比较密集的区域，需要提供供给类的设施，若放在人流量小的地方，则不能完全发挥出其建设价值，只能当个环境的摆设。

（4）消防设施类

包括消防通道、消防栓、防火措施等一系列手段。绿道一定要注重这方面的防护措施，要详细地对绿道的防火措施进行设计与考虑。将人为造成的损失控制在可控范围内。在设计阶段，就应该将消防通道、消防设施考虑进去，而不是在后期再进行准备，一定要提前就加以重视。

（5）环境美化类

包括装饰雕塑、花坛、地面铺装、花架等。在现在中国绿道发展过程中出现的误区，应当加以重视，保留道路自然的形态，一定要尽量少用人工化的铺装，保证生态环境的稳定性以及生物迁徙道路的自然化。

3.服务设施的建设要求

主要配套设施宜集中配置于驿站（图4-10～图4-13）。驿站分为三个等级：一级驿站，位于根据绿道网整体规划确定的"区域级服务区"，主要承担绿道管理、综合服务、交通换乘等方面功能，是绿道的管理和服务中心。二级驿站，位于绿道沿线城市级服务区，主要承担综合服务、交通换乘等方面功能，是绿道的服务次中心。三级驿站，位于绿道沿线社区级服务点，主要提供休憩、自行车租赁等基础服务设施。

针对骑行特点，每20km左右一个一级驿站，每5～10km一个二级驿站，三级驿站根据具体情况合理设置。其规模根据驿站功能合理安排。如管理中心、游客服务中心规模约200～300m²，自行车租售点约50～100m²，停车场约100～200m²，公厕约30～150m²。

生态型、郊野型绿道若是没有设计可以进行改造和利用，可按照驿站的设置间隔要求来建立新的驿站。绿道配套设施的建设应符合绿道配套设施建设的控制要求（表4-15）。

绿道配套设施建设的控制要求表　　　　　　表4-15

设施类型	允许建设项目		禁止建设项目和活动
	基本建设项目	其他允许建设项目	
衔接设施	桥、摆渡码头等	划船道、栈道、游船码头等绿道穿梭巴士停靠站（场）	
停车设施	公共停车场、出租车停靠点、公交站点等	—	
管理设施	管理中心、游客服务中心	—	
商业服务设施	零售点、自行车租赁点、饮食点	流动售卖、露天茶座、户外运动用品租售点等	（1）开发类项目：如房地产开发、大型商业设施、宾馆、工厂、仓储等。
游憩设施	文化活动场地（儿童游憩场地、群众健身场地、篮球场等）、休憩点	公园、露营设施、烧烤场、垂钓点、高尔夫练习场、滑草场、骑马场、马术表演场、休闲运动中心、运动俱乐部、游泳、水上竞速、漂流、攀岩、蹦极、定向越野等	（2）污染绿道环境的项目，如不符合环境保护要求的餐饮服务、设施、油库及堆场等。
科普教育设施	科普宣教设施、解说设施、展示设施	宣教栏、纪念馆、展览馆、鸟类及野生动物观测点、天文气象观测点、特殊地质地貌考察点、生态景观观赏点、古树名木及珍稀植物观赏点等	（3）对绿道环境构成破坏的活动，如砍伐树木、伤害动物、拦河截溪、采土取石等
安全保障设施	治安消防点、医疗急救点、安全防护设施、无障碍设施	医疗保障点、水上救援站、救生塔等	
环境卫生设施	公厕、垃圾箱、污水收集设施	生态环保型污水处理设施、定点拦截设施	
其他基础设施	—	保障绿道使用的其他市政公共设施，如照明、给水、排水、电讯等	

图 4-10　深圳区域绿道 2 号线深圳特区段绿道
　　　　驿站

图 4-11　深圳区域绿道 2 号线绿道驿站内部

图 4-12　深圳大运支线绿道大运自然公园服务点
　　　　（深圳市城管局提供）

图 4-13　深圳大运支线绿道休息点

4.5.4 慢行系统

绿道慢行道通过城镇道路时，可进行局部改造，采取地面、地下、建筑架空、空中立体廊道或屋顶平台等方式来保证绿道的连续性。安全隔离措施、绿道慢行道与道路交叉路段设计参见《绿道连接线建设及绿道与道路交叉路段建设技术指引》。绿道慢行道应注重无障碍设计。城市交通系统与绿道的接驳点，应设置机动车停车场以及自行车租赁点，以便进行换乘。

慢行路线是绿道表现形式的一种，它的类别按照绿道的使用方式可以分为步行径、自行车径、无障碍游径和综合游径等四种。由于慢行路线的类型会根据绿道所使用的人群特点进行相应规划，因此慢行路线的种类是相对丰富的，其设计构造可以是路面、水面等不同形式展现。想要设计一条合理的绿道，首先要遵循慢行道选线的四大原则——安全性、可达性、连通性、适用性，要结合好绿道使用人群的特点，并由此进行对慢行路线的规划设计（图 4-14 ~ 图 4-17、表 4-16）。

区域绿道游径宽度参考标准表　　　　　　　　　　　　表 4-16

游径类型	游径宽度的参考标准
步行径	2.0m（都市型）
	1.5m（郊野型）
	1.2m（生态型）
自行车径	3.0m（都市型）
	1.5m（郊野型）
	1.5m（生态型）
无障碍径	4.5m（都市型）
	3.0m（郊野型）
	1.5m（生态型）
综合游径	6.0m（都市型）
	3.0m（郊野型）
	2.0m（生态型）

图 4-14　深圳梅林坳绿道花径

图 4-15　深圳大运支线绿道慢行道

图 4-16　深圳溪涌二线关绿道慢行道

图 4-17　深圳罗湖梧桐绿道荔枝林慢行道

4.5.5　标识系统

　　绿道的标识系统在空间规划和道路引导性上都有特殊的要求，不仅要标准化与规范化，要以绿道本身的风格为主，不同的空间、不同的材料、不同的信息标识都应该有各异的风格（图 4-18 ~ 图 4-22 ）。

图 4-18　深圳区域绿道 2 号线标识系统

图 4-19　福田环城绿道标识系统

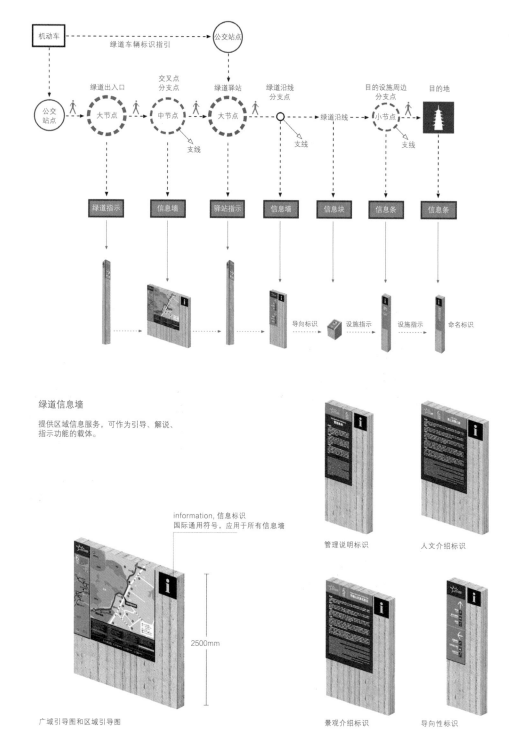

绿道信息墙

提供区域信息服务，可作为引导、解说、
指示功能的载体。

管理说明标识

人文介绍标识

广域引导图和区域引导图

景观介绍标识

导向性标识

图 4-20　珠三角绿道标识指引流程示意图

图 4-21　珠三角绿道信息墙指引图

绿道信息条

提供终端信息服务，可作为解说、指示、命名、禁止、警示功能的载体。由立方柱体与标识结合而成，可以直立也可侧立。

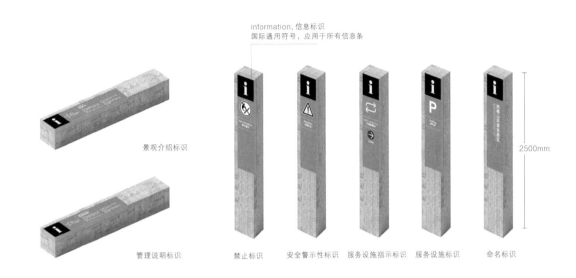

绿道信息块

作为解说、警示、禁止、命名等功能的标识载体，绿道信息块的体量较小，适用于近距离的信息提示。

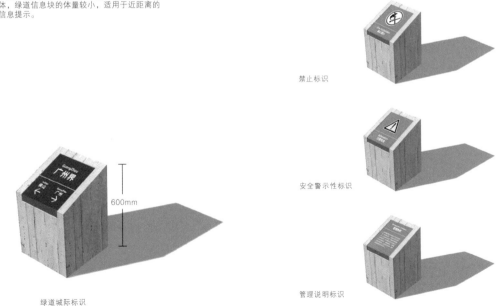

图 4-22　广东省绿道信息条指引图

4.6

建设和发展的保障机制

4.6.1 策划阶段

1. 多学科合作

绿道的建设跟多科学的相互结合是密不可分的。绿道的设计建设除了满足自身的规划需求之外，还需要应对现代社会所存在的各种复杂层面问题。科学的绿道建设应该是由风景园林设计师作为主导的，通过多学科的合作，结合科学的分析方法，形成一套合理的规划设计体系。

2. 公众参与

绿道的构建需要市民的参与和支持，绝对不是一项简单的城市形象工程，因为绿道的建设最后是服务于社会和群众。建立一套健全的公众参与规划和决策的程序，能够在最大程度上让不同阶层的人接触和参与到城市绿道的规划建设中去，使得绿道的构建能够从实际出发、从民众出发，从而建设符合实际情况的科学的合理的绿道。

4.6.2 建设阶段

1. 公众监督

绿道建设的过程应该要做到透明清晰。绿道的建设不仅需要大众的支持参与，同时也要接受大众的监督，建立公开透明的绿道公众信息平台，方便大众的体验和监督。最重要的是要征集绿道建设所涉及的周边居民的评价和意见，对未来的规划建设做出更恰当的合理调整。

2. 广泛宣传

通过宣传册、绿道地图的制作与发放，达到对绿道的宣传效果，一方面方便了游客对绿道的使用，另一方面也能起到传播绿道理念与目标的目的。除此之外，还可以通过借助互联网、新闻媒体的力量，来提高绿道的影响力。还可以与学校合作，组织夏令营，或者同社团协会联合，让绿道与城市生活更加紧密地结合在一起，同时还能带动沿线的旅游观光业。

4.6.3　管理运营

通过全面项目信息公开，规范化政府在绿道管理和运营中的主导和牵头作用，引导社会投资加入绿道建设、维护与管理中。设置单独的专项资金，由专门的部门来负责对绿道的维护和管理。对于现在市场化程度较高的项目，则用规范制度来进行管理整治，在高质量、优服务的保证下，不同的区域可以有价格上下浮动的空间，让绿道的管理和经营处于良性循环当中。

5

中国绿道
实践案例

5.1

省级（区域）绿道

从 2010 年开始，国内主要城市纷纷加入了绿道建设队伍的行列。除广东外，北京、浙江、安徽等 10 多个省、市、自治区也开始了各具特色的绿道规划与建设。

5.1.1　珠三角区域绿道网规划纲要

在人与自然和谐的中国传统规划设计理论下，珠三角区域绿道规划以山川、大海、江河、山林为要素，重新布局和挖掘中国古道，通过结合城乡发展状况以及自然生态格局，形成"两环、两带、三核、网状廊道"。以此串联绿色开敞空间和自然生态资源，走有中国特色的绿"道"之路，构建中国特色的理想栖居生活。从老子的自然之路到岭南地区天然山川与现代城市相交的珠江三角洲现代绿化，都证明了绿道在相互关联和相互联系中起着重要作用。

绿道的存在，重塑了山、水、人与城市之间的和谐关系，使中国古代山、水、人能够和谐地融入当今珠江三角洲城市中。消除和改善自然与人文，历史与现代，物质与精神的矛盾，从外部因素中，在自然界、农村和城市环境中建设实质性、可达性、可居住性的新生活空间，影响和改变了当今城市居民的生活方式。

《珠江三角洲绿道网总体规划纲要》系统分析了珠三角的资源要素，秉承四大原则，即人性化、本土化、多样化、和生态化，采用省市互动、城市联动的方式，提出了绿道网总体布局的构想。

1.珠三角绿道网的规划思路

珠三角绿道网规划范围主要是整个珠江三角洲经济区，总人口 4230 万，土地总面积 41698km^2。在中国的传统理想风水模式中，人们对风水模式的边缘环境有着强烈的偏好。由于出自人的本能，人们对面朝平原，背依群山，左右山势环抱的环境有着相当的安全感，而珠三角区域绿道的规划则刚好大部分范围处于山林水域边缘地带的生态交错带，从根本上满足了人类对环境依赖和需求的本能需要。

珠三角区域的绿道有着内外"两环"的作用。其中，一环为山林环，而另一环为海岸环，这两环都起到了藏风、聚气的作用。"气乘风则散，界水则止"，强调林木具有聚气的作用，而森林本身具有防治水土流失和减少洪涝灾害的生态功能，水则起到了平衡热量，使环境内能进行物质循环的作用。形成山水共聚、团结祥和的气势，这样的设计为构建广东宜居城乡建设提供了符合天道、地道、人道的理想山水格局。

2.珠三角绿道网规划格局

中国的地理形势，每隔8°左右就有一条大的纬向构造，如天山—阴山纬向构造、昆仑山—秦岭纬向构造、南岭纬向构造。《考工记》云："天下之势，两山之间必有川矣。大川之上必有途矣。"《禹贡》把中国山脉划为四列九山。风水学把绵延的山脉称为龙脉。"茫茫昆仑，八脉到此"。龙脉源于西北的昆仑山，向东南延伸出三条大龙脉，北龙从阴山、贺兰山入山西，起太原，渡海而止。中龙由岷山入关中，至秦山入海。南龙沿长江由云贵、湖南至福建、浙江、广东入海。

珠江三角洲北靠南岭阻挡寒潮，南临南海接迎暖意，中间河网密布，丘陵林立，沿着条条客家古驿道和林则徐禁烟的港口官道，留下了许多客家先辈们建造的珍贵古迹和风水林木。因此，在"天人合一"的中国传统规划设计理论指引下，基于珠三角的自然生态格局和城乡发展状况，亲近自然重新布局和挖掘中国原始绿道，以山、林、江、海为要素，形成"两环、两带、三核、网状廊道"的珠三角区域绿道规划框架，并以此串联多元自然生态资源和绿色开敞空间，打造多层次、多功能、立体化、复合型、网络式的珠三角"区域绿网"。

"两环"捍卫珠三角生态平衡：为保障珠三角整体生态自然环境，构建内外"两环"，由珠三角外环生态屏障和湾区生态环组成，外环生态屏障由珠三角西部、北部、东部的连绵山地、丘陵及森林生态系统为主组成。范围西起台山镇海湾，止于惠东红海湾；湾区生态环由珠三角内圈层沿湾区边界（滨海各区县边界）的山地、湿地、森林公园、成片的农田等组成，把珠三角分为湾区和其他部分。该两环是捍卫珠三角生态平衡，保护自然资源的重要保障。

"两带"保持内外绿色空间的延续：为维持生态系统的整体性和连续性，并阻止三大都市区连片发展，通过东江、西江干流水体，串联沿江的山体、农田、防护绿带等，构建两大区域性绿色廊道，保持"两环"之间的连通，其中，东江带南起珠江口狮子洋水道，经东莞水乡片，沿东江干流向东北延伸，至博罗罗浮山，形成中部都市区和东岸都市区之间的生态隔离；西江带南起珠江口洪奇门及沿岸地区，经顺德、中山基塘区，沿南沙涌、西江干流向西北延伸至佛山仙鹤湖风景区，形成中部都市区和西岸都市区之间的生态隔离。"两带"的存在构成了三大都市区之间长期有效的生态隔离，避免城镇无序蔓延。

"三核"改善密集城镇区的

生态环境：为改善三大都市区内部的生态环境，由中部的白云山—帽峰山、东岸的银瓶嘴山—白云嶂、西岸的五桂山—黄杨山—古兜山等重要山体，形成三大绿核，作为外围山林区、南部海洋生态区与中部平原生态区之间的联结点，改善三大都市区内的生态环境。此外，"三核"作为珠三角区域生物种群源，通过区域绿道的规划建设，连通生态廊道，将为整个珠三角区域特色生物多样性的恢复打下坚实的基础。

"网状廊道"控制城市蔓延，营造低碳绿色生活新方式：珠三角区域绿道多处于山林农田、陆地水域的生态交错带，是地区景观多样性和物种多样性最为丰富的地带。珠三角区域绿道整体规划亦遵循以"山缘水陆两级交接面、多个绿核"为骨架的自然格局。基于珠三角地区城乡结构模式、交通布局、自然人文资源、行政

图 5-1 珠三角绿道网绿化缓冲区示意图

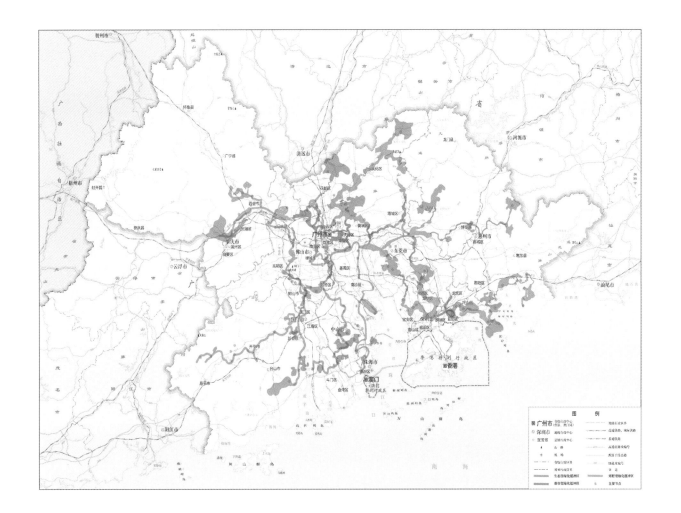

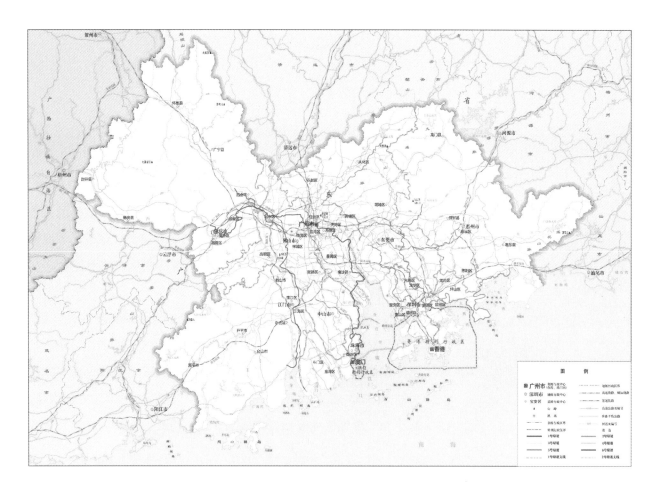

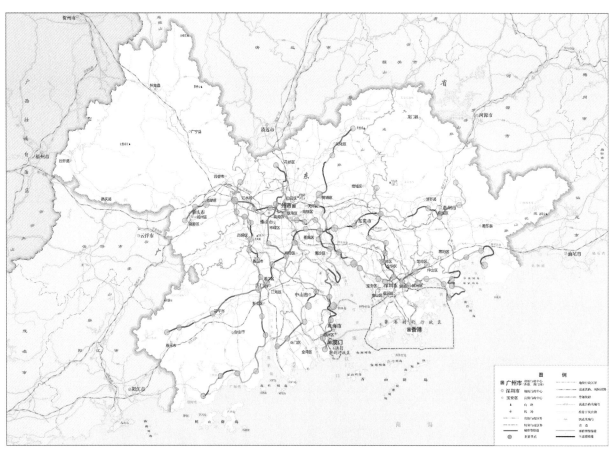

区域划分等多层规划格局，并结合各市的实际情况叠加分析后，综合优化形成由 6 条主线、4 条连接线和 16 条支线共同构成的珠三角区域绿道的网络化格局。珠三角的绿道网规划建设是由面状统领，到线状建设，再到点状完善，最终回到区域的面状层面以形成完善的多级网络化系统。

3. 珠三角绿道网规划的专项配套规划

图 5-2 珠江三角洲绿道网总体
规划纲要总体布局图

图 5-3 珠三角绿道网分类布局图

图 5-4 珠三角绿道网区域级服
务区布局图

为了使珠三角城乡居民及外来游客更加便捷、有效、安全地使用绿道网资源，根据绿道网总体布局，同时结合绿道所连接的风景区、森林公园、城镇建设区等发展节点，将各种标识系统、基础设施、服务系统等专项配套设备和设施结合到一起，从而提供休憩、换乘、卫生、指示、安全等服务（图 5-4、表 5-1）。

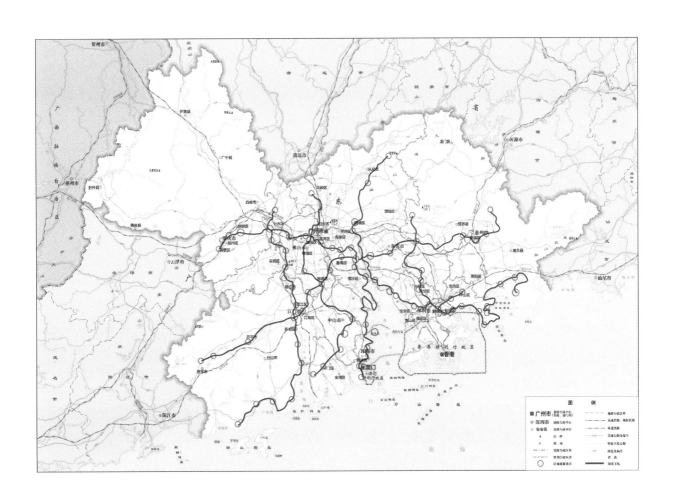

珠三角区域绿道专项配套设施要求

表 5-1

类型	内容	具体设施	设置目的
配套设施	慢行道 步行径	步行道	为居民提供散步、慢跑、游玩道路
	自行车径	自行车道	为居民提供骑自行车道路
	无障碍径	无障碍通道	为残障人士提供通道
	综合径	综合通道	城居民提供综合性慢行通道
	标识系统 信息标志	信息标识牌	标明游客的具体位置，提供区域绿道设施、项目、活动等综合信息
	指路标志	信息标识牌	用于传递游览方向和线路的信息
	规章标志	信息标识牌	用于传递法律法规方面的信息以及政府有关绿道的相关举措信息
	警示标志	信息标识牌	用于提醒人们可能遇到的各种危险
	安全标志	信息标识牌	用于明确标注游客所处的位置，以便为应急救助提供指导
	教育标志	信息标识牌	用于体现绿道两侧独特品质或自然与文化特色
	基础设施 环境卫生设施	固体废弃物收集点、污水收集处理点、公共厕所等	防止污水和生活垃圾造成的污染和环境破坏
	交通设施	机动车停车场、自行车停车场等	方便游客进入，提高绿道可达性
	其他设施	通信设施、照明设施等	方便使用、保障安全
交通与换乘系统	服务系统 游览设施服务点	信息咨询亭、游客中心、医疗点、露营点、烧烤点、垂钓点等	主要为区域绿道中的游客提供便民服务
	管理设施服务点	治安点、消防点等	主要为区域绿道的日常管理服务
	交通换乘点 轨道交通衔接点	自行车租赁、停车等服务	实现绿道与公共交通的有机接驳，提高绿道可达性
	城市公交衔接点	自行车租赁、停车等服务	实现绿道与公共交通的有机接驳，提高绿道可达性
	道路交通衔接 与道路交通的接驳和衔接	接驳与衔接设施，高架桥、隧道、借道设施等	实现绿道与城市道路交通的有机衔接，提高绿道的通达性

（1）配套设施

慢行道：参照《珠三角区域绿道规划设计技术指引》要求，慢行道的设置应遵循最小生态影响原则，宽度针对不同的使用功能和地区有所不同。

标识系统：设置指路、警示、信息、规章、安全和教育等六类标识，并采用了不同的色彩来区分不同的线路。

基础设施：设置公共厕所、固体废弃物收集点、通信设施以及照明设施等。

绿道中各种固体废弃物以及生产、生活污水在满足达标排放的基础上，宜采用生态化的处理方式，尽量减少对绿道生态环境的影响；绿道中的公共厕所宜选择生态环保厕所。

照明设施根据绿道的类型而进行不同方式的设置。生态型区域绿道中则以流动照明方式为主，避免对绿道中的野生动物生存、繁殖、迁徙等行为造成较大威胁；在郊野型和都市型区域绿道的慢行道及重要节点上则设置固定照明设施，以满足行人的通行需求。

（2）服务系统

不论是区域级、城市级还是社区级绿道，使用者的需求是各异的，而服务系统的设置应当满足不同使用者的需求，规划纲要主要提出区域级服务

区的空间布局和管治要求。

空间布局：通过结合现有资源，采用集中与适当分散相结合的原则，来对服务设施进行布置，平均每20km需要配置一个区域级服务区，并沿着沿线城市和发展节点进行布局。

建设要求：区域级服务区主要配置信息咨询亭、医疗点、游客中心、治安点、机动车停车场、消防点、自行车停车场等，禁止建设不兼容项目。

（3）交通衔接系统与换乘

交通衔接：作为连接该地区主要休闲资源的线形空间，绿道将与城市主干道或铁路建设重叠。因为绿道本身具有慢行交通的特征，它与交通干线、轨道等快速交通特性的道路在本质上存在较大的差异，因此需要考虑区域绿道与城市道路交通系统衔接的问题，解决这两者在交会处所产生的交通方式不兼容的问题。

换乘系统：通过设置交通换乘点，提供停车、自行车租赁等服务，实现绿道与城市公交网、区域公交网的有机接驳（图5-5）。

图 5-5　珠三角绿道网与城际轨道交通换乘点布局图

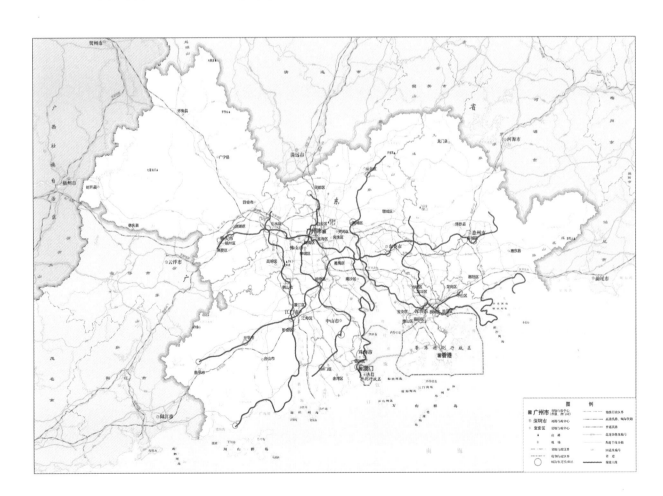

5.1.2 粤港澳跨界绿道建设专题研究

2010 年，珠三角绿道网总体规划纲要发布后，编制组组织研究《粤港澳跨界绿道建设专题研究》，提出在认真落实《粤港合作框架协议》的基础下，共同研究建立跨境生态廊道和自然保护区，建设区域生态系统的完整体系。同时推动粤澳加强该领域的合作，联手打造诸多连通粤澳、粤港的生态屏障。共同规划建设珠澳边界、深港边界跨界绿道，促进自然保护区建设，保护区域敏感生态资源及生态旅游资源。优化珠三角绿道网空间布局，促进粤港、粤澳绿道及相关设施衔接，优化珠三角区域绿道网空间布局，完善珠三角 1、2、5 号绿道规划布局，促使 1 号绿道沿情侣路延伸至澳门、2 号绿道向南拓展经梧桐山与香港八仙岭相交，5 号绿道向南延伸与香港相连，构建粤港澳一体化的区域绿道格局，促进粤港、粤澳绿道及相关设施衔接，共建大珠三角优质生活圈。完善相关管理制度尤其是通关制度，使跨界绿道真正为民所用，便民所用，粤港、粤澳真正实现资源共享。通过两地绿道交界点通关机制等配套机制的完善，促使三地人员、自行车的便捷进出以及与其他交通方式的顺畅接驳等，将来也许周末可以骑自行车往来粤港两地购物、休闲。

5.1.3 广东省绿道网建设总体规划

广东省绿道网建设总体规划以广东省丰富的自然生态资源和历史人文资源为依托，通过建设互联互通的绿道网络系统，有机串联全省主要的生态保护区、郊野公园、历史遗存和城市开放空间，将"区域绿地"的生态保护功能与"绿道"的生活休闲功能合二为一，在确保区域生态安全格局的同时，满足城乡居民日益增长的亲近自然、休闲游憩的生活需求，使其成为广东省落实科学发展观、建设生态文明和"加快转型升级，建设幸福广东"的标志性工程。

规划综合考虑广东省区域经济发展水平、生态资源环境和人口分布等方面差异的基础上，借鉴国外大尺度绿道的规划建设经验，充分协调自然生态、人文、交通和城镇布局等资源要素，以及上层次规划、相关规划等要求，结合各市实际情况，提出构建疏密有致、功能形式多样的绿道网络，引导珠三角绿道网向粤东西北地区延伸，形成由 10 条省立绿道、约 17100km² 绿化缓冲区和 46 处城际交界面共同组成的省立绿道网总体格局。省立绿道贯通全省 21 个地级以上市，串联 700 多处主要森林公园、自然保护区、风景名胜区、郊野公园、滨水公园和历史文化遗迹等发展节点，并与省生态景观林带的建设充分互动，实现城市与城市、城市与乡村的连接，全长约 8770km。广东省绿道网建设体现了"规划布局的创新、维护生态系统安全、促进绿色经济发展、城市低碳生活体系"四大特色，为全国绿道建设的引领和典范。

基于广东省自然生态格局和历史人文脉络，以大海、大山、大江为骨干，构建由海岸绿道、南岭绿道、西江绿道、东江绿道、北江绿道、韩江绿道、鉴江绿道和漠阳江绿道等 8 条绿道组成通山达海的省立绿道主骨架；同时，通过组合、串联多元自然生态资源、历史人文资源和城市开放空间，结合绿道适宜性分析，考虑各类政策要素的影响和地方建设意愿，在特色鲜明的郊野地区建设主题游径，在城市精华地区建设都市休闲绿道，最终形成特色鲜明、重点突出、空间布局疏密有致的省立绿道网总体布局（图 5-6 ～图 5-8）。

广东省绿道网在生态环境保护、旅游经济、运动休闲、文化服务等方面做了大量工作，在环境基底改善、人们日常生活结合等领域进行积极有益的探索和尝试。随着绿道网的深入建设，老百姓日益接受绿道，绿道要以改变人们生活形态的高度进行多功能开发。满足都市慢生活的绿道，绿不是仅拘泥于形式的绿色，绿的更应是生活方式和生活态度，同时要注重绿道户外空间的拓展。

改变生活方式，丰富绿道都市生活内容。绿道不仅仅是城市居民休闲娱乐、体育运动的闲暇时光载体，更要成为人们生活、工作的一部分，是生存质量的提升，实现在绿道网空间内可观、可行、可游、可居、可饮、可吃、可学，使公众在绿道网内得到

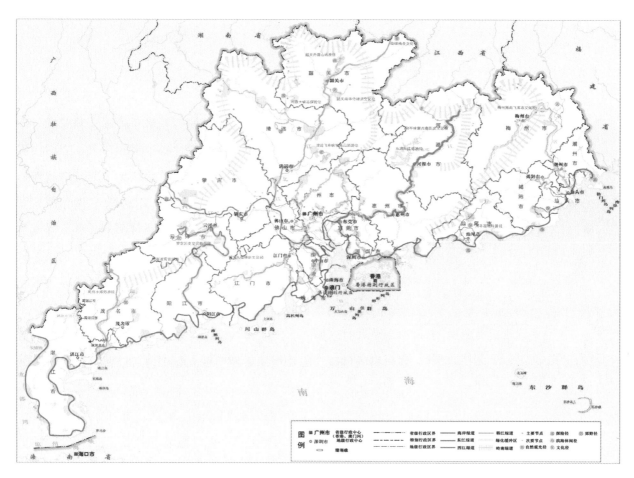

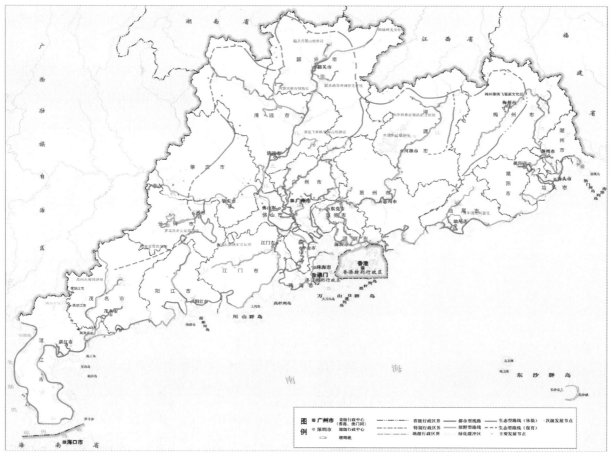

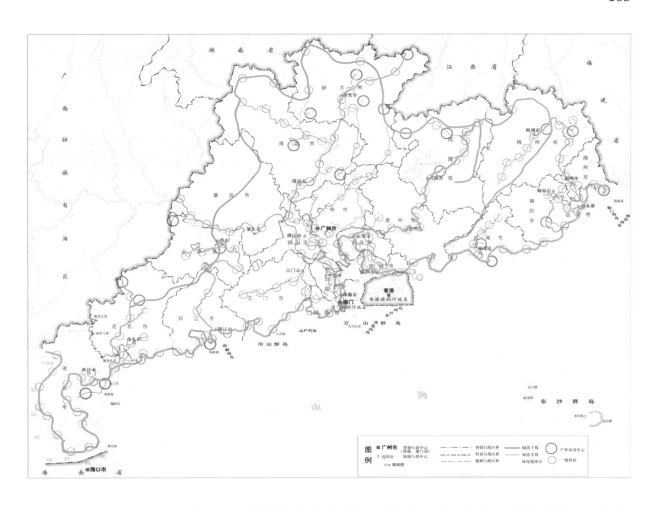

图 5-6 广东省绿道网建设总体规划空间布局总图

图 5-7 广东省绿道网建设总体规划分类布局图

图 5-8 广东省绿道网建设总体规划区域级服务区布局图

更多的停留,渐渐地与绿道网相融合,成为公众片段化的生活方式。对于城市居民,绿道仅仅是人们周末出游的一个新去处,要成为人们日常生活新选择;对于外地游客,绿道成为城市名片,是外地游者、城市初来者快速融入城市的最有效方式之一。

关爱特殊人群,构建安全舒适的绿道社区生活圈。社区生活与都市人们的关联最为密切,构建安全舒适的社区绿道生活圈,是绿道满足都市慢生活的集中体现。而社区生活中最需要关爱的对象是老人、儿童、孕妇以及残疾人等特殊人群。他们在把握自然和环境设施有更高的要求,他们的需求往往容易被社会忽视,对于他们的加倍关爱最能反映一个城市的精神文明程度和城市软环境实力,城市绿道、小区绿道的故事叙述也最易流畅地在他们中展开。绿道的规划设计及管理服务上要充分考虑他们的不便和需求,并尽力去解决它。绿道可以为老人提供丰富的运动及集体活动的场所、多样的交流机会、优美舒适的养生环境以及安全便捷的出行通道。绿道多功能开发对于特殊人群,重点应对小区内部及小区与小区之间的绿道慢行系统进行完善,不一定需要大量的绿,关键是打造安全、舒适的绿道小区生活圈,让人们活得健康、安全而有尊严。

保护岭南文化遗存，提升绿道生活文化底蕴。绿化缓冲区是指绿道控制区以及绿道串联的自然资源、历史人文资源和游憩资源的空间区域，主要包括风景名胜区、森林公园、郊野公园、河流湖泊、农田、古村落、历史文化保护单位、旅游度假区、城市广场、城市公园等，起到维护区域生态系统安全，营造生态环境优异、景观资源丰富的游憩空间的作用。珠三角区域绿道绿化缓冲区总面积约 4410km²，占珠三角总面积的 8%。需要特别注意的是绿化缓冲区中各种古村落、古建筑以及依附其存在的岭南村落文化保护和保存。对原有的自然村落人口要进行严格的控制，希望这些村落通过发展生态观光业、鲜花种植业等生态旅游产业得到相应报酬，并且农业耕作也是对原住民生活方式的一种保留，是对岭南特有的农耕文化的延续。对原有的旧建筑也采用"修旧如旧"的方针，尽可能地维持其原有的风貌，对一些处于绿道控制区内具有岭南特征的古建筑、祖居，甚至可以向当地政府申

请获得维修资金的支持，但前提就是不能改变其原有的风格。香港郊野公园的游径旁，除了保留原有的古村落外，还对原有的墓葬进行了保留，并允许扫墓，这也是对原住民文化和生活方式的一种有效留存。

完善户外开敞空间，保障绿道慢生活物质基础。网络化是绿道多功能实现的空间基础，是实现空间变换的保障。珠三角绿道网规划由区域绿道和城市绿道共同构成网络状系统，通过绿道的慢行系统串联公园、自然保护区、风景名胜区、历史遗迹等重要节点的同时，注重城区内的生活休闲与人们日常生活交流开敞空间的构建。深圳绿道网规划更是深入小区，实现全市平均每平方公里有 1km 绿道的网络密度，市民 5 分钟可达小区绿道，15 分钟可达城市绿道，30 ~ 45 分钟可达区域绿道，这让社会交往从零散的点状分布变成网络分布，大大增强社会的信任感与幸福感。绿道影响人们的生活方式是基于绿道的户外开敞空间，在强调维护其原有的空间基础上，可以通过更为积极的手段进行绿色开敞空间的拓展。

5.1.4 环首都绿道网规划

全国经济社会发展取得巨大成就的同时，北京的首都职能不断扩展，国际国内地位明显增强，成为国家战略政策落实的核心载体，形成一定的世界城市竞争力和在国际市场影响力，建设世界城市的目标逐渐明确。同时，传统经济增长方式导致的快速城镇化和非农用地的无序扩张，对自然生态环境造成了空前的资源冲击和空间压缩，拉大了高密度聚居区与山水、绿地等自然生态要素的空间距离，同时环首都周边地区亦陷入了缺乏发展动力的困局以及保护与发展怎样二者兼顾的问题。

在这样的大背景下，环首都绿道网的建设，在北京周边率先构建融合环境保护、运动休闲和文化旅游等多种功能的为一体的绿道网络体系，有利于整合区域生态要素，加强首都周边地区生态屏障的建立；同时可以为首都居民提供更加丰富多样的户外活

动空间，极大促进宜居城乡建设的同时为环首都地区的绿色经济发展提供更多的契机。

规划范围：环首都绿色经济圈绿道网规划范围包括覆盖环绕北京的张家口、承德、廊坊、保定 4 个设区市中与北京直接紧邻的涿州、涞水、涿鹿、怀来、赤城、丰宁、滦平、兴隆、三河、大厂、香河、广阳、安次、固安等 14 个县（区、市），总面积约 3.01 万 km²。规划研究范围包括廊坊、保定、张家口、承德 4 市全域。

规划思路：规划首先从环首都地区的地形地貌、自然生态、人文历史、交通和城乡建设布局等方面对于环首都地区进行深度的剖析和解读，以期获得与当地的自然和人文资源相适应的更加温和的绿道选线。

古道、水道、古长城造就了直径尺度在 300km 左右的京畿文化圈，皇家活动的核心地带。最繁荣的聚落集中在平原西缘的山前冲积扇上，形成了一个狭长的文明走廊。这个走廊是河北地区最重要的文明发祥地，是隋唐以前北方最发达的经济带之一，也是华北通往其他地区的古老通道。商周以来，至少 110 个古国在此荟萃。

环首都地区地质构造特征丰富，从而形成了丰富的地形地貌，地势西北高、东南低，高原、山地、盆地、平原类型齐全；从西北向东南依次为坝上高原、燕山和太行山地、河北平原三大地貌单元。高原区：位于西北部，某些山峰在 2000m 以上，有着广阔的草原，正在种植大面积的防护林，形成了华北地区防风固沙的第一道屏障。山地区：包括丘陵和山间盆地，呈 U 字形半环绕首都，是三种地形中景观资源最丰富多样的地方，是许多河流的发源地，形成了首都的第二道屏障。平原区：位于南部，河流水系较丰富，这种地势有利于暖湿气团的深入，农业资源优势明显。太行八陉是古代晋冀豫三省穿越太行山相互往来的 8 条咽喉通道，是三省边界的重要军事关隘所在之地。

同时，环首都地区有丰富的水系资源。主要有五大水系、六大水库。河流自西北流向东南，注入渤海，主要有滦河、潮白河、永定河、大清河和北运河。水库主要有官厅水库、密云水库、白洋淀、潘家口水库、张坊水库、西大洋水库。滦河发源于丰宁满族自治县西北的巴颜图尔古山北麓，上都河在多伦附近注入后称为大滦河。全长833km，流域面积4.49万km²，主要有武烈河和滦河。潮白河主要由潮河和白河组成，潮河古称大榆河、濡河、鲍邱水，后因其"时作响如潮"而称潮河。白河因河多沙，沙洁白得名。 此外还有汤河、黑河。永定河古称漯水，隋代称桑干河，金代称卢沟，全长747km，主要有洋河、桑干河、清水河、壶流河。大清河又叫上西河，长448km，流域面积3.96万km²。主要有拒马河、白沟河、孝义河、潴龙河。北运河古称"御河"，发源于北京市昌平区及海淀区一带，向南流入通州区，在通州区北关上游称作温榆河，然后流经河北省香河县、天津市武清区。

丰富的文化资源更是环首都绿道最独特的风景线。从上古时期的阳原文化遗址，到春秋战国时期的燕赵文化，再到北京成为王朝政治中心之后的畿辅文化就更是丰富多彩。环首都地区在地域上构成了拱卫京师的核心圈，在行政建置成为直接隶属于朝廷的京都"畿辅"地区，文化上形成了以"天子脚下"为特点的地域文化。最后，在综合各个要素的基础上，形成6条以北京为核心，向各个方向发射的文化廊道。分别为通往承德、木兰围场的天子避暑围猎线路，通往东北的祭祖线路，通往张家口的张库大道（古时的商贸线路），通往山西五台山的进香朝拜线路和天子下江南的古运河廊道。

规划结构：规划在充分研究了上述各要素的基础上，形成环首都绿道主要的结构类型。即以平原、山地、高原的地理特征为基础，形成以北京为中心，纵横交错的环状加放射型结构。可以概括为三横、三纵、两环、一支线的结构。三横，即根据平原、山地和高原三大地理特征，形成横向的绿色屏障（与河北省城镇体系中"一轴三带"中的"两带"－山区生态文化带、山前传统发展带相协调）；三纵，即沿永定河、潮白河和滦河三大水系，形成纵向的滨水蓝色廊道；两环，即北京内部圈层绿廊和环绕首都14县所形成的圈层绿廊；一支线，即从北京向西南延伸，与保定对接形成的文化廊道。

绿道总体布局：根据绿道经过的不同路线，将其分成六大类，分别为：滨水保护型绿道（图 5-9），以溯溪踏浪体验为主要特色，主要沿永定河、潮白河和滦河的主干河流或支流布局；文化观光型绿道 A（图 5-10），规划设计总长约 351km，以长城寻根感悟为主要特色，呈东西走向，主要分布在张家口、承德境内并与北京境内长城对接文化观光型绿道 B，规划设计总长约 354km，以历史文化和红色文化为主的人文历史品位为主要特色，主要分布

图 5-9　环首都滨水保护型绿道

图 5-10　环首都文化观光型绿道

在保定市境内并与北京对接；休闲游憩型绿道，规划设计总长约686km，以绿色产业观光与体验为主要特色，主要分布于环首都14县境内；生态体验型绿道A，规划设计总长约686km，联结主要的生态敏感区，以优美的自然山林风光为主要特色，主要分布在太行山余脉宝定市境内和承德市西南侧；生态体验型绿道B，规划设计总长约254km，以坝上草原风光为主要特色，主要分布在张家口的沽源至承德的塞罕坝沿线。

最后根据绿道的建设分期和串联的景观资源类型，概括为8条选线。

1号线长296km（不包含北京121km），起始于保定野三坡世界地质公园和白洋淀，终止于承德黄崖关长城。途经保定、北京、廊坊三市，串联野三坡世界地质公园、十渡景区、石佛国家森林公园、白洋淀自然保护区、宋辽古栈道、大辛阁经幢、灵山塔、新石器文化遗址等重要人文与自然节点。

2号线长1005km，起始于宝定天生桥国家森林公园，终止于承德长城桦尖处。途经保定、张家口、承德三市，串联天生桥国家地质公园、晋察冀边区政府及军区司令部旧址、定窑遗址、古北岳国家森林公园、白石山国家森林公园、阁院寺、紫荆关、易州国家森林公园、野三坡国家森林公园、金连山褐马鸡自然保护区、皇帝城遗址、大海陀自然保护区、赤城侏罗纪公园、云雾山森林公园、白云古洞风景名胜区、古北口长城、司马台长城、雾灵山自然保护区、兴隆地质公园、青松岭大峡谷风景名胜区、六里坪国家森林公园、黄崖关长城、清东陵、上关长城、罗文裕长城、潘家口长城等重要人文与自然节点。国家森林公园。

3号线长158km（不包含北京176km），起始于张家口永定河峡谷漂流，终止于承德辽河源国家森林公园。途经北京、承德两市，串联永定河大峡谷漂流、八达岭长城、金山岭长城、白草洼自然保护区、双塔山森林公园、承德避暑山庄及外八庙风景名胜区、辽河源国家森林公园与自然保护区等重要人文与自然节点。

4号线长363km（不包含北京58km），起始于宝定西大洋水库和易州国家森林公园，终止于北京北宫森林公园。途经保定、

北京两市，串联紫荆关、清西陵、道德经幢、燕夏都遗址、开元寺塔、冉庄地道站遗址、淮军公所、古莲花池、白洋淀自然保护区、义慈惠石柱、慈云阁、开普寺、皇甫寺塔、怡亲王墓等重要人文与自然节点。

5号线长230km（不包含北京135km），起始于张家口长城大境门处，终止于廊坊市落伐镇。由北向南沿永定河而下，途经张家口、北京、廊坊三市，串联大境门长城、鸡鸣山风景名胜区、皇帝城遗址、官厅水库等重要人文与自然节点。

6号线长293km（不包含北京长244km），起始于张家口红泥滩和承德万合成，终止于廊坊香河镇北运河红庙处。由北向南沿潮白河而下，途经张家口、承德、北京、廊坊四市，串联密云水库等重要人文与自然节点。

7号线长337km，起始于承德御道口自然保护区，终止于承德千鹤山自然保护区。由北向南沿滦河而下，均位于承德境内，串联御道口自然保护区、茅荆坝国家森林公园、董存瑞烈士陵园、承德丹霞地貌地质公园、白河南遗址、松云

岭森林公园、千鹤山自然保护区等重要人文与自然节点。

8号线长561km，起始于张家口长城南槽碾处，终止于围场红松洼自然保护区。途经张家口、承德两市，串联张北野孤岭要塞军事旅游区、水母宫风景名胜区、安家沟森林公园、和平森林公园、京北第一草原、滦河上游木兰围场自然保护区、皇家猎场、塞罕坝国家森林公园、御道口自然保护区、围场红松洼自然保护区等重要人文与自然节点。

5.1.5 区域绿道 2 号线深圳段设计

1. 深圳特区段

图 5-11 区域绿道 2 号线深圳特区示范段平面图

区域绿道 2 号线深圳特区段是珠三角 2 号区域绿道深圳段中的核心中间段，规划设计总长度约 95km，约占珠三角 2 号区域绿道深圳段总长度的 43%（图 5-11）。该段绿道以深圳边防二

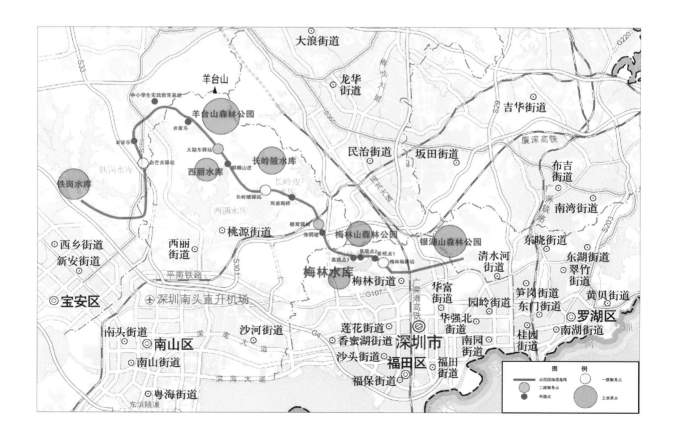

线巡逻道为依托，着重突出生态、人文、活力三大理念，以记录
与展示深圳发展足迹为特色，整个线路景观生动而富于变化，是
深圳绿道网建设中的精品，目前已成为人文历史和科普教育品
牌段。

其中示范段东起梅林水库，西至宝石公路，横跨深圳市南
山区与福田区，规划设计总长度约 29km，全线共设 3 处一级服
务点和 2 处二级服务点，沿线设有主要景点 8 处、兴趣点 10 处
（图 5-12 ~ 图 5-19）。

长岭皮水库生态示范园作为珠三角 2 号区域绿道深圳段重要
的一个生态节点，其濒水的良好生态环境成为 2 号区域绿道重要
的种群源，利用绿道两侧的缓冲区，野生动物可以自由地来到南
方科技大学校园等绿色空间，同时也可以利用 2 号区域绿道的生
态廊道功能，自由地向东莞和惠州扩散、迁徙。深圳市 2 号区域
绿道从其南侧经过，其所处的边防二线是具有重要历史意义的见
证，随着绿道的建成，更是肩负文化和生态的双重意义，未来的
长岭皮水库作为绿道示范段上的重要绿色节点，更是率先发挥着
示范表率作用。

图 5-13 梅林坳—盐田检查站段

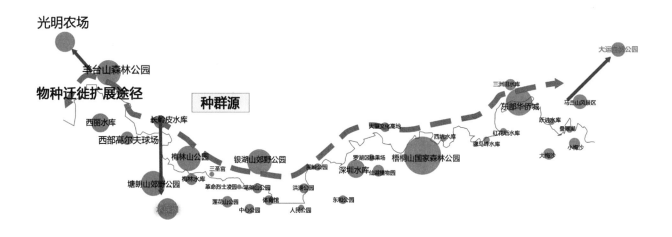

图 5-12 珠三角 2 号区域绿道深圳段两侧大生境斑块分布

图 5-14　梅林坳绿道

图 5-15　梅林坳绿道花径

图 5-16　护坡挡墙演变的涂鸦墙

图 5-17　双道廊桥

图 5-18　深圳特区段示范段绿廊

图 5-19　集装箱建筑太阳能光热利用

2. 大运支线段

大运支线是珠三角 2 号线区域绿道深圳段的一条南北向支线，北起大运自然公园铜鼓岭，南至仙湖植物园，跨罗湖与龙岗两区。自北向南分为活力休闲、城郭农田、城镇新貌、山林谷地、花里人家、果香林翳 6 个主题段，依次连接大运中心、大运自然公园、龙口水库、雁田水库、六约社区、大望艺术高地、大望社区、罗湖林果场，最后至仙湖植物园北门，全长约 30.5km，占珠三角区域绿道深圳段总长度的 13%。

规划设计突出大运文化、艺术气质、山水果香三大特色，全线设有一级服务点 2 处、二级服务点 1 处、三级服务点 3 处，在现有兴趣点基础上新增兴趣点 7 处，很好地将生态景观资源与城市联系起来，使人们在运动的同时触摸大自然，在现代生活的闲暇时光，体会健康的、绿色的幸福生活（图 5-20 ~ 图 5-23）。

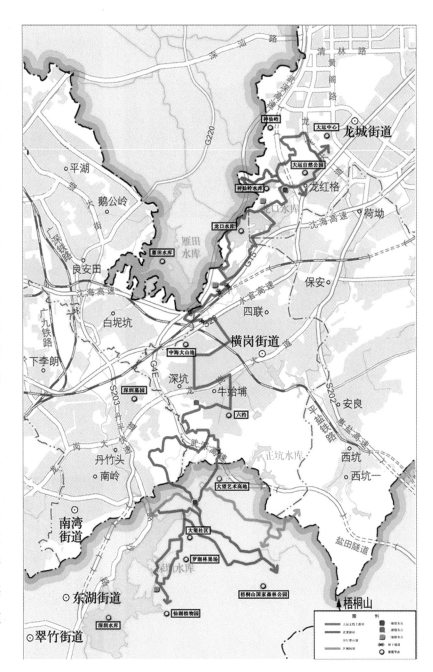

图 5-20　大运支线段平面图

图 5-21　大运支线段绿道

图 5-22　充满青春活力的大运自然公园服务点

图 5-23　大望艺术高地驿站

3. 东部华侨城段

区域绿道 2 号线深圳东部华侨城段入口紧靠东部华侨城公众高尔夫球场。该段景观优美，空气清新，廊道、栈道相连，位于云海谷东侧围栏长度为 220m 的特色段用立柱 + 钢丝网形成封闭空间，廊道一侧栽种的攀缘植物爬满了整个廊架，将廊架隐藏于绿化中，让游人置身于大自然的怀抱（图 5-24 ~ 图 5-27）。

图 5-27　东部华侨城段在林海穿行的云中栈道

图 5-24　区域绿道 2 号线深圳东部华侨城段

图 5-25　东部华侨城段花廊绿道

图 5-26　融入自然的马峦山生态绿道

5.1.6 区域绿道5号线深圳段设计

区域绿道5号线深圳段是沟通深圳南北山水资源的生态风情走廊。绿道选线全长约68.7km，经过了光明新区、宝安区、龙岗区和罗湖区4个行政辖区。其选线多数位于深圳市生态控制线范围内，对城市内宝贵的绿色环境资源起到了很好的串联和保护作用。根据服务要求全线规划了服务点（3个一级、7个二级）、兴趣点（新规划27个），规划注重对现有资源的合理利用与保护，在此基础上对现有空间进行景观上的挖掘与提升，真正做到了人与自然的和谐共存（图5-28）。

绿道整体划分为生态型绿道、郊野型绿道、都市型绿道（图5-29）。生态型绿道：共计50.23km，占绿道全线的多数，基本上位于深圳市生态控制线范围内，拥有良好的生态基底。郊野型绿道：共计13.07km，为生态环境良好、人类活动较频繁地段。都市型绿道：共计5.40km，主要位于城市已建成区。依托人文景区、广场和道路两侧的绿地而建立。

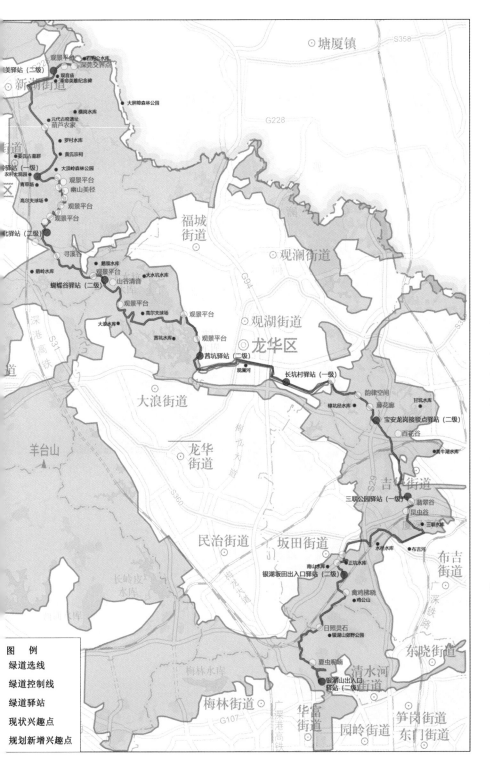

图 5-28　深圳区域绿道 5 号线平面图

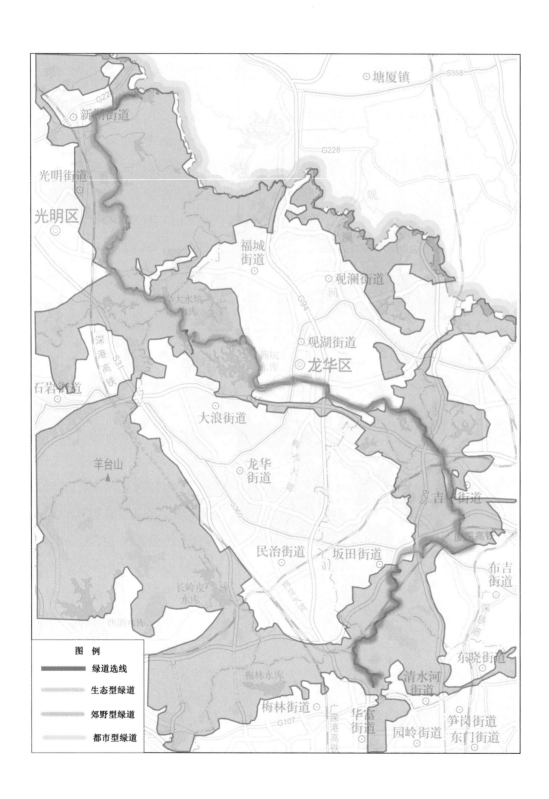

图 5-29　深圳区域绿道 5 号线类型划分图

1. 罗湖段

罗湖梧桐绿道全长约 14km，从东湖公园南门（3 号岗亭）起沿深圳水库周边、梧桐山河一直延伸到梧桐山北大门的横沥口水库，是一条融山水、休闲、生态和文化于一体的特色精品绿道。全线共分为山水休闲线、果林野趣线、河滨沁爽线三段。建有栈桥、观景亭、驿站及专业自行车运动场。沿线可以饱览东湖公园、深圳水库及仙湖植物园的野色风光，形成"一路山水、一路文化"、独具罗湖特色的风景线（图 5-30 ～ 图 5-33）。

图 5-30　罗湖梧桐绿道图引风园节点

图 5-31　罗湖梧桐绿道水库节点

图 5-32　自行车运动场

图 5-33　罗湖梧桐绿道

2. 龙岗段

5 号线龙岗段，总长约 14.9km，整条绿道有效整合沿途的生态景观资源，串联公园、水库、风景区等重要景点，是集游憩远足、健身、休闲、交通等功能为一体的休闲型绿道（图 5-34 ~ 图 5-41）。

图 5-35　漫步 5 号线绿道龙岗翡翠谷段

图 5-36　山鸣谷应的 5 号线绿道龙岗翡翠谷段

图 5-34　骑行于 5 号线银湖山段

图 5-37　斑斓绚丽的 5 号线绿道龙岗南坪快速
　　　　路段

图 5-38　5 号线绿道正坑水库相思径平台小憩

图 5-39　5 号线银湖山段冲刺

图 5-40　骑行队集合于 5 号线银湖山段与 2 号线二
　　　　线关段交会点

图 5-41　大浪段绿道

3. 龙华观澜段

　　龙华观澜绿道南起观澜街道，北至茜坑老街，全长约 7.02km。绿道设有多个休闲节点和观景平台，沿线途经茜坑水库、郊野果林等公共目的地，空气清新，两旁鸟语花香，景色优美。漫步绿道，既可以品味山林野趣，也可一览水库风光，感受大自然生态之美（图 5-42 ～图 5-43 ）。

图 5-42　区域绿道 5 号线宝安绿道　　　　　　　　　　　　　　图 5-43　区域绿道 5 号线观澜绿道

4. 光明葫芦农家段

区域绿道 5 号线深圳段光明葫芦农家绿道选线沿途串联了葫芦农家和农科大观园等公共目的地，别有一番农家风情，体现了光明新区的农家特色，展示了农业科普教育主题。行至该处，可见碧叶缠绕，瓜果悬挂，农业科普知识牌随处可见，红色沥青路面与周边农家菜地相互映衬，游客可体验"开轩面场圃，把酒话桑麻"的农家意境（图 5-44）。

图 5-44　区域绿道 5 号线葫芦农家连廊

5.2

城市绿道

5.2.1　深圳市绿道规划设计

速度带来的隐忧：30 多年后，在继续创造奇迹的同时，深圳面临经济持续健康增长将难以为继、土地空间难以为继、能源和水资源短缺难以为继、环境承载力严重透支"四个难以为继"。城市超快速度的发展现状、以机动交通为主的城市发展愿景等引起了对城市发展的反思。

城市慢生活的现实需求：30 年后，人们对"深圳速度"有了更新的认识：城市速度不仅有"快"而且也要"慢"得下来，慢行道、慢节奏等都是深圳的现实需求。在现实需求的推动下，共计 1500km 长的三级绿道（区域绿道、城市绿道和社区绿道）应运而生（图 5-45）。

规划绿道网形成，"四横八环"的组团 - 网络型结构。实现以区域绿道为骨架，链接生态资源，构筑和谐宜居家园。以滨海绿道为线索，激发蓝调生活，彰显城市滨海特质；以山海绿道为脉络，展现特色风光，强化城市空间意向；以活力绿道为纽带，提升服务水平，外放现代都市魅力；以社区绿道为桥梁，扩展活动空间，营造趣味街道生活的总体目标（图 5-46）。

深圳市绿道网以基本生态控制线为基础，连接了 10 余个风景名胜区，10 余座山体，1000 余个公园，12 条河流，总长度超过 250 多公里的海岸线，根据各类绿道的功能与空间特征，将城市绿道分为滨海风情、都市活力、滨河休闲、山海风光四种类型。截至 2018 年，深圳已建成全长超过 2400km 的绿道，绿道覆盖密度全省第一。骑行 5 分钟就可以到社区绿道，15 分钟可以到城市绿道，不用 45 分钟就可以到省立绿道（图 5-47）。

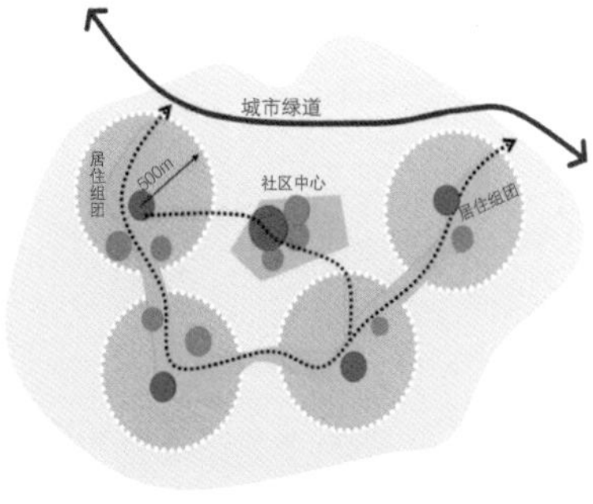

整体性：规划注重与城市总体规划、慢行系统规划、绿地系统规划等专项规划的衔接，结合统筹考虑历史文化保护，旅游资源开发和慢行体系与绿道网络体系建设。

可达性：深圳绿道 5 分钟步行进入社区绿道，15 分钟步行进入城市绿道，30 ~ 45 分钟步行进入区域绿道。从每一个公共中心都可以在 30 分钟内步行进入绿道；绿道网不仅可以便利地和铁

图 5-45　深圳市三级绿道网系统

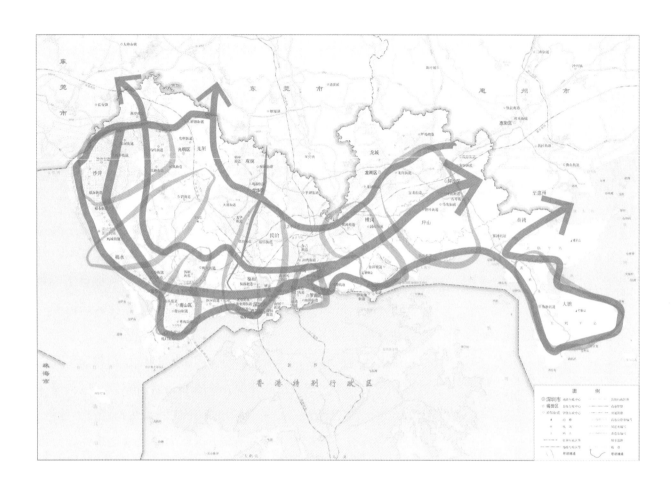

路、机场、地铁站点连接，同时也可以满足 40 分钟内步行进入绿
道网络。

图 5-46 深圳市绿道网规划结构图

生态性：避免大规模挖掘和过度施工人造痕迹。配套的服务设
施可以通过移动旧集装箱装修来减少土建工程。优先使用具有成
本效益，反映健康绿色生活的新技术，新材料和新设备，大力推
广使用绿色建材，节能环保材料和可再生能源 使绿道建设体现了
资源节约、环境友好、循环经济的理念。深圳绿道就规划设计了
利用废弃集装箱等作为绿道区内节能建筑。把退役集装箱进行身
份编号，并通过图文并茂的描述将每个废弃集装箱服役期间的漂
洋过海经历和使命展现出来，增加绿道历史文化气息的同时，也

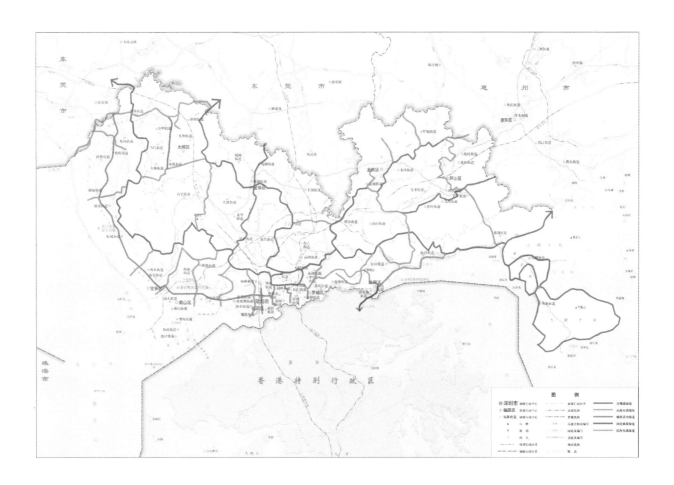

图 5-47 深圳市城市绿道规划
布局

为集装箱行业提供资源综合利用以及集装箱建筑发展提供模式和方向。

人性化：充分保障市民的人身安全，设计完善绿道的标识系统、应急救助系统，尽量避免与机动车的冲突。准确分析居民需要，确定合理的绿道网服务半径，并设立必要的步行道和环线道路，使市民能够充分而便捷地使用绿道网。

（1）为市民使用提供安全方便的绿道游径；

（2）良好的沿线景观设计与环境氛围；

（3）完善的问询信息指示系统；

（4）节点空间的布置与康乐设施安排；

（5）便捷的停车设施。

多样性：充分挖掘地方特色与人文内涵，与体育锻炼、游憩休闲、生态科普等结合起来，丰富绿道网的内涵，提高绿道网的可参与性、可介入性。保证各区段绿道功能特色突出，活动组织的主题化与多样化，强化绿道的风貌景观特征。

1. 深圳湾滨海风情绿道

深圳湾绿道紧邻"红树林海滨生态公园"，是深圳市内离海和观海最近的地段（图 5-49）。全线全通的道路包括巡逻道、步行道和自行车道。从已开放段来看，每个周末人气都非常旺。

作为城市绿道 1 号线，深圳湾滨海风情绿道西起福海大道与沿江高速交界处，东至福田口岸，面向深圳湾，遥望香港，经过宝安区、南山区、福田区，总长度约 77.7km。连接宝安中心区、春牛堂、大南山、小南山、赤湾烟敦、宋少帝陵、赤湾左炮台、赤湾天后宫、海上世界、蛇口山望海公园、南山中心区、后海中心、南山区体育中心、深圳湾海滨休闲带公园、红树林自然保护区、黄思明公世祠、怀德黄公祠、天后宫等兴趣点。

该段绿道可分为 4 段，分别为：沙井段、福永段、前海段、深圳湾段。另有支线内环路（东滨路）段：沙井段以围塘养殖为主，可对堤岸进行整治，打通沿海联系西部通道向北联系洋涌河河堤的通道；福永段可结合宝安滨海大道建设，在道路沿线设置绿道；前海段可结合前海建设计划，同内海湾公共空间打造相结合设置绿道；东滨路段可在现有道路绿化基础上设置绿道，该段绿道在穿越蛇口半岛时与城市道路相交较多，应尤其注意与城市道路交叉口的处理。

绿道建设宜形成连续的滨海城市生活与休闲功能廊道，力争获得公共活动空间塑造与沿海岸景观品质提升之间的双赢，为市民和游客提供一个集休闲娱乐、健身运动、观光旅游、体验自然等多功能绿色滨海长廊，充分释放和展示现代滨海城市的无限活力和无穷魅力（图 5-50 ~ 图 5-55）。

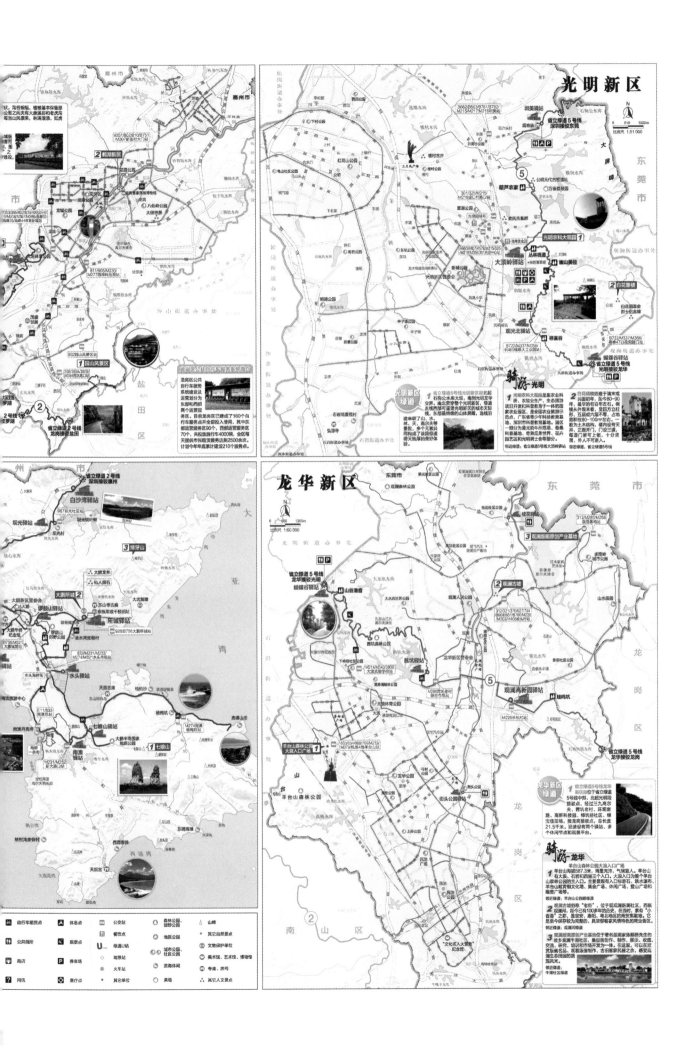

深圳市
绿道地图

主 编：深圳市城市管理局 监 制：深圳市绿道网建设管理办公室

（试用版）

SHENZHEN GREENWAY

深圳市绿化管理处（绿委办、绿道办）
www.gardencity.com.cn
腾讯微博/新浪微博：深圳绿化 鹏城绿道

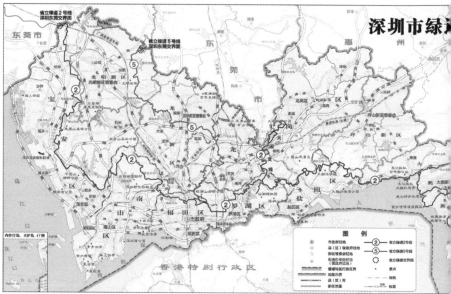

深圳市绿道

关于绿道

深圳绿道是由省立绿道、城市绿道和社区绿道构成，总长超过2000千米，全部建成后可实现全市平均每平方千米就有1千米绿道，市民步行5分钟可达社区绿道，15分钟可达城市绿道，30~45分钟可达省立绿道。根据《珠三角绿道网总体规划纲要》，珠三角省立绿道共6条，其中2号线、5号线途经深圳。深圳市共建成省立绿道全长约345千米，其中2号线约242千米，2号线大运支线约37千米，5号线约67千米。

深圳绿道建充分利用可再生资源和废旧资源，打造低碳生态、节能环保、循环高效的绿道网络体系。在绿道建设中，驿站采用废旧集装箱改造组合安装，标识牌多采用回收的旧枕木制作，照明设置广泛采用太阳能、风能转换电能等技术。

绿道是一种线形绿色开放空间，通常沿着河滨、溪谷、山脊、风景道路等自然和人工廊道建立，内设可供行人和骑车者进入的景观游憩线路。绿道包括骑行径和配套设施两大部分，分为省立绿道、城市绿道和社区绿道三个级别，绿道周由众多省立绿道、城市绿道和社区绿道组成，连接主要的公园、自然保护区、风景名胜区、历史古迹和城乡居住区等。

绿道由绿廊系统、绿道游径、基础设施、服务设施、标识系统等组成。

绿廊系统
主要由地带性植物群落、水体、土壤等具有一定宽度的绿化缓冲区构成，是绿道控制范围的主体。

人工系统
发展形式有：包括风景名胜区、森林公园、郊野公园和人文景点等重要游憩空间。
绿道游径：包括自行车道、步行道、综合慢行道（骑步人专用道）和水道等等无机动车道。
标识系统：包括标识牌、引导牌和信息牌等标识设施。
基础设施：包括出入口、停车场、环境工生、照明、通信等设施。
服务系统：包括休憩、换乘、租物、咨询、救护、安保等设施。

便民电话

旅游咨询服务电话	1258033
城管投诉电话	12319
森林防火报警电话	12119
水上求救电话	12395
警察、火警、交通事故报警电话	110
医疗急救电话	120

野外迷路五招辨南北

1. 可以找到一棵树桩观察，年轮密的是南方；
2. 还是找一棵树，风衣较少的枝叶所在的侧的侧是南方；
3. 观察积较的房顶，阳口太都是朝南的；
4. 在岩石较多的地方，统一块朝白的岩石上满青苔的一面是北方，干燥光亮的一面是南面；
5. 利用手表来辨识方向：你所处的时间除以2，再把所得的商数对准太阳，表盘上12所指的方向就是北方。

自行车骑行注意事项

罗湖区

图 5-48 笔者主

特色绿道精选

历史文化绿道
省立绿道2号线梧林园，梅林坳——长岭坳，全长8.6千米。绿道建设保留了原特区"二线关"的石板路，建成3个可利用废弃装设改造修旧如旧的灯，利用废弃枕木、轮胎等制作标识牌，体现环保、低碳的理念，是一条传递历史文化的"绿色之道"。

亲海戏水绿道
盐田海滨线道，西起中英街，东至揽仔角，全长19.5千米。可徒步慢游漫步，可骑行红色沥青路面赏海，途经中英街、明思克航母、盐田港、观海廊道、大梅沙公园、小梅沙公园等著名滨游景点，营造市民游海的新景观，已经成为深圳东部海岸线的新亮点。

蜿蜒山林绿道
省立绿道2号线福永段，凤凰山森林公园入口——西乡，全长57.06千米，此段绿道蜿蜒于山林之间，沿途草木葱茏，鸟语花香，溪水相伴，令人流连忘返，乐不思归。

大运风情绿道
省立绿道大运公园段，位于大运公园内，全长约3千米。绿道5分钟人自然山水中，大运元素原随处流连湖有绿色亮点，沿线途经神仙树水库、生态体验区、花山花海、叠溪谷等特色景观。

农家田园绿道
省立绿道5号线罗芦水家段，自罗村水库—楼村1号桥，全长约1.3千米。在现有基本农田基础上形成"葫芦衣家"特色，行至途段，可见碧叶翻卷，瓜果飘香，红色沥青和农家菜地相互衬托，别有一番田园风光。

都市亲民绿道
福荣都市绿道，全长3.08千米。此段由广深高速公园隔音林带改造而成，以"自然、生态、亲民"为基调，构建生态环境为特色，配备各类设施，兼顾漫步道，是附近居民休闲健身的和谐绿色空间。

蔚蓝海滨绿道
省立绿道2号线海滨段，新东路西入口—桥梅口，全长约7千米。该段绿道因其因地起伏曲径通幽，体现滨海绿道特色，行至途段，可观赏大甲乌风光、虎鹿海景，可骑行、徒步，水天一色，视野开阔，美不胜收，令人心旷神怡！

清新山水绿道
罗湖绿道5号线全长约14千米，从东湖公园南门口到深圳水库，再穿过横岗——直延伸到梧桐山北大门北侧的横沥公共所，接右线桥、避暑亭、绿轨及专栏行走活动站。沿途赏山涧水、流光溢彩，生态野趣、风光秀美，是繁华都市间中收费的好去处。

深圳市严格按照《广东省省立绿道建设指引》要求建设绿道，配套功能齐全，设置了公共停车场、售卖点、自行车租赁点、垃圾桶和公园等配套设施及门口管理设施、商业设施、游憩设施、科普教育设施和安全保障设施。因地制宜进行建设，充分考虑市民和游客的需求，做到安全舒适。

深圳绿道配套服务

驿站

凤凰山驿站　大运驿站　白沙湾驿站

深圳市全体系统设驿站富第四大出口，集装箱再改造为具深圳"特产"之一，用将货运集装箱改造成深圳的特色驿站，也是做具特色的风景。

标识系统

地标识　清水岭标识　枕木标识

标识牌采采用回收的废旧废枕木或轮胎改制，低碳环保。

自行车租赁点

龙岗自行车租赁点　盐田自行车租赁点　自行车租赁点(大沙岭驿站内)

路面

石板路　彩色沥青路面　透水砖路面

栏杆

不锈钢栏杆　木制栏杆　塑木栏杆

其它

梅林凉亭　主题分幅带小叶景箱　风光互补灯　大运公园内

持编制的中国第一张绿道地图：2013 版深圳市绿道地图（完成单位：深圳市北林苑景观及建筑规划设计院有限公司）

图 5-49　广东深圳湾公园绿道
　　　　　系统鸟瞰

图 5-50　深圳湾公园滨海岸线
　　　　　绿道利用废旧材料制
　　　　　成的环保砖进行铺装

图 5-51　深圳湾城市绿道

图 5-52　深圳湾绿道旁的白鹭

图 5-53　白鹭坡公园透水混凝土自行车道

图 5-54　身披霞光的深圳湾城市绿道

图 5-55　滨海岸线景观

2. 深圳福田河绿道

　　福田河绿道北起笔架山北环路，途经笋岗路、红荔路、深南路等多个深圳主要干道，南至滨河路，全长约 6.1km，串联了市中心区的两大公园——笔架山公园与中心公园。通过将原本黑臭如墨的福田河水环境综合治理后，福田河沿线波光潋滟，草木茏葱，鸟语花香，恢复了优美的水岸风景，塑造了自然亲水空间，满足了市民亲近自然与赏景游憩需要，成为城市中心区的重要生态景观走廊（图 5-56 ～ 图 5-59）。

图 5-56　从城市中心区穿过的福田河

图 5-57　原黑臭如墨的福田河治理前后对比图

图 5-58　福田河绿道（1）

图 5-59　福田河道绿（2）

3. 深圳盐田区梅沙栈道绿道

　　盐田海滨绿道位于盐田区，全长 19.5km。西起中英街古塔公园，沿着黄金海岸线，串联起沙头角、盐田港、大梅沙，东至揹仔角。一头牵着蓝天碧海自然风光，一头牵着"一街二制"百年人文，分为城市生活岸线、工业港区岸线和自然生态岸线三个主题段落，途经中英街、明思克航母、盐田港、观海渔港、大梅沙公园、小梅沙公园等多个公共目的地。目前大梅沙海滨绿道已经成为深圳东部海岸线的新景观（图 5-60 ～图 5-62）。

图 5-60　深圳盐田梅沙海滨栈道绿道（1）

图 5-61 深圳盐田梅沙海滨栈道
绿道（2）（左页，图片
来源：深圳市城管局）

图 5-62 深圳盐田梅沙海滨栈
道绿道（3）

5.2.2　广州市绿道规划设计

广州市绿道网建设规划根据珠三角地区绿道网规划纲要提出的绿道网战略目标，深化落实了区域绿道的规划要求，同时结合各自区位、自然资源和历史人文等特点，因地制宜，凸显地区特色，规划城市绿道和社区绿道。

广州依托深厚的历史文化和"山、水、城、田、海"的自然格局以及青山绿地、碧水蓝天等工程建成的路网、水网、公园和绿化带，沿城市的生态廊道部署绿道网，以绿道串联沿线的人文、地理、生态景观，形成绿道成网、景观相连、景随步移、人景交融的格局。

区域绿道：以帽峰山、珠江前后航道为核心、利用已有的水系廊道、生态隔离带连接市域主要生态、人文景观节点，并与东莞、佛山、中山的区域绿道进行衔接。

城市绿道：与区域绿道对接，以绿色开敞空间连接市域内主要的集中建成区，方便市民健身休憩、回归自然。

区域绿道规划总长度526km，包括：

滨海绿道（省1号绿道）：佛山—沙面—珠江前后航道—大学城—莲花山—亚运村—黄山鲁—南沙湿地—中山，长度163km。

流溪河绿道（省2号绿道）：流溪河沿线，长度127km。

天麓湖绿道（省2号绿道）：流溪河—帽峰山—天鹿湖—东江—东莞，长度53km。

增江绿道（省2号绿道支线）：流溪河—白水寨—增派公路—增江河—东江—东莞，长度113km。

莲花山绿道（省3号绿道）：佛山—滴水岩、大夫山—长隆—余荫山房—莲花山—东莞，长度38km。

芙蓉嶂绿道（省4号绿道）：芙蓉嶂水库—新街河—巴江河—沙面—滴水岩、大夫山—佛山顺德，长度32km。

城市绿道共20条，长度395km。包括增城市城市绿道、海鸥岛城市绿道、白坭河城市绿道、广从路城市绿道、长洲岛城市绿道、龙头山城市绿道、大沙河城市绿道、环大坦沙城市绿道、浣花路城市绿道、萝岗区城市绿道、车陂涌城市绿道、东濠涌城市绿道、新

城市中轴线城市绿道、珠江前航道北城市绿道、珠江前航道南城市绿道、珠江前航道西城市绿道、花地河城市绿道、海珠涌城市绿道、沙河涌城市绿道、猎德涌城市绿道（图5-63）。

规划广州绿道网基本覆盖了80%的城镇建设用地，覆盖全市12个区、市（县级市），串联起了广州234个主要景点、40多个亚运场馆，以及50多个地铁站。绿道网将与铁路、轨道枢纽、城市大型公交站点、汽车站等便利接驳。根据居民步行可达性分析，将广州绿道线路分别进行1000m、2000m、3000m、4000m缓冲区分析，计算居民步行到达绿道网的距离。规划广州绿道网可以实现70%中心城区居民15分钟步行可达绿道，70%市域城镇居民30分钟步行可达绿道，70%市域城乡居民60分钟步行可达绿道（图5-64）。

越秀区绿道主要建设特点：绿道途经沿江路、二沙岛、麓湖路、东濠涌沿线，连接麓湖公园、海珠广场、珠江沿岸、二沙岛等景点。串联老城区的传统与现代风情，体现"千年商都古韵、广府文化之源"特色（图5-65、图5-66）。

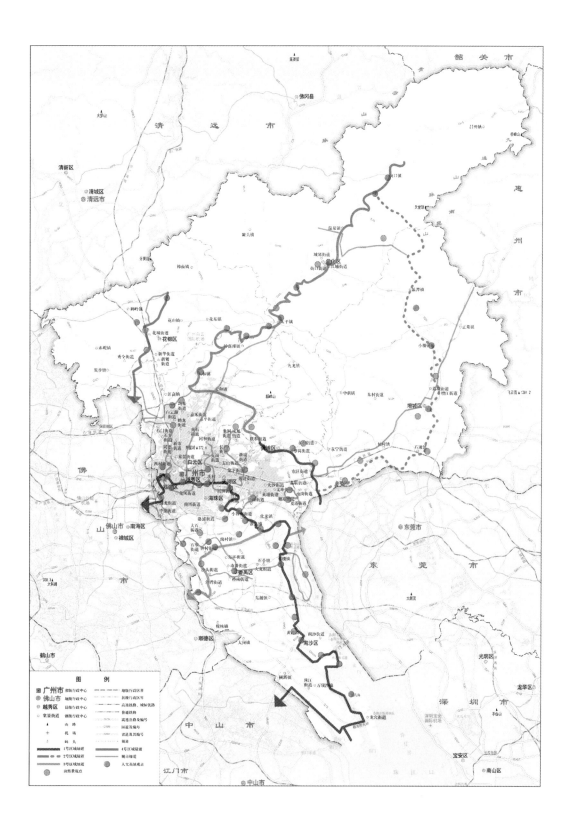

图 5-63 广州绿道总体规划布局

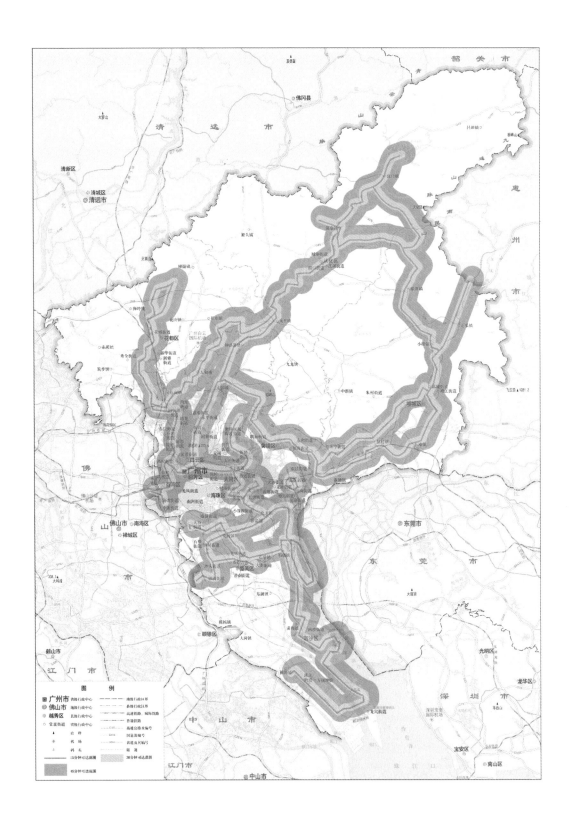

图 5-64　广州绿道线网可达性分析

荔湾区绿道主要建设特点：绿道途经龙溪大道、花地河、芳村大道、中山八路、沙面岛、沿江西路，连接花博园、海角红楼、荔湾湖、陈家祠、沙面、白鹅潭等景点。凸显"水秀花乡"和"西关风情"特色（图5-67）。

天河区绿道主要建设特点：绿道途经临江大道（图5-68）、广州大道、天河北路、花城大道沿线，连接中轴线广场、珠江公园、广州歌剧院、海心沙岛等景点。展现"活力天河、绿道有意"的建设理念（图5-69、图5-70）。

图 5-65　东濠涌绿道滨水休闲空间

图 5-66　广州二沙岛绿道

图 5-67　广州荔湾涌水上绿道

图 5-68　广州临江大道绿道

图 5-69　广州天河区绿道串联公
　　　　　共绿地

图 5-70　广州大道绿道

海珠区绿道主要建设特点：绿道途经滨江路、阅江路、石榴岗河，连接洲头咀公园、孙中山大元帅府、琶洲会展中心、小洲村等景点。打造"以水为脉，绕岛成环；以园为核，串联成网"的特色绿道网络。

白云区绿道主要建设特点：绿道途经流溪河、石井河、白云湖沿线，连接流溪河、农业观光积地、花卉基地、石井河等景点。建设"山（帽峰山）、河（流溪河）、湖（白云湖）、田（田园风光）、园（民营科技园）"为主题的绿道网。

黄埔区绿道主要建设特点：绿道途经护林带、乌涌、文涌、庙头涌、长洲岛沿线，连接体育中心、南海神庙、长洲岛、碧山村等景点。以"滨江绿城、古港绿道"为理念，打造自然风光和人文特色兼具的绿道。

萝岗区绿道主要建设特点：绿道途经天麓路、乌涌、志诚大道、生物岛沿线，连接天麓湖森林公园、香雪公园、南岗河等景点。结合旅游名胜、古村落、商业街区、体育场馆，打造人文绿道、竞技绿道、生态绿道、环水绿道、名企绿道（图 5-71）。

花都区绿道主要建设特点：绿道途经流溪河、芙蓉嶂水库、大布河、天马河沿线，连接芙蓉嶂景区、洪秀全故居、香草世界、圆玄道观、资政大夫祠等景点。突出山水田园优势，形成独具特色的生态人文绿道景观。

番禺区绿道主要建设特点：绿道途经大学城、兴业大道、海鸥岛、大夫山，连接宝墨园、余荫山房、大夫山森林公园、亚运城等景点。"绿廊为脉、因岛成环、以环带面、以链串珠"，展现岭南水乡特色绿道（图 5-72）。

南沙区绿道主要建设特点：绿道途经黄阁大道、市南路、焦门河、万环路沿线，连接焦门河景观带、黄山鲁森林公园、大角山滨海公园、万亩湿地等景点。充分利用水道密布的特点，建设滨海特色绿道。

增城市绿道主要建设特点：绿道途经增江河、增派路、荔景大道，连接小楼人家、荔江公园、增城广场、鹤之洲景区等景点。连接南、中、北主体功能区，建设"幸福市民、快乐游客、致富农民"的绿道网络。

从化市绿道主要建设特点：绿道途经流溪河、105 国道，连接流溪河森林公园、从化温泉、北回归线标志塔等景点。以"显山、露水、活村、秀城、营田、护林、舒路、亮点"为原则，建设山水、田园特色绿道。

图 5-71　广州萝岗区生物岛绿道

图 5-72　广州番禺绿道绿色长廊

5.2.3　珠海市绿道规划设计

珠海市绿道网到 2020 年全市要建成绿道约 1000km，根据城市组团分布，生态格局，自然人文景观分布，形成"四纵—两横—二环—六岛"的绿道网空间结构。

一纵：区域绿道一号线珠海段从观澳平台延长至横琴长隆国际旅游度假区。

二纵：沿竹银水库经灯笼沙至交杯滩。

三纵：从水松林沿黄扬河经木乃至阳光咀。

四纵：莲花山至飞沙滩。

一横：区域绿道 4 号线经中山与 1 号线相连延伸至淇澳岛。

二横：珠海大道。

一环：环横琴岛竞技绿道。

二环：环凤凰山登山绿道。

六岛：分别为大万山岛、桂山岛、东澳岛、担杆岛、外伶仃岛和庙湾岛绿道。海岛绿道独具特色，体现珠海百岛之城的魅力。其中城市绿道形成"一横、四纵、六条支线"的网络布局，以省立绿道和城市绿道为主线，构建省立绿道—城市绿道—社区绿道的三级绿道网络体系。

有特色才有生命力，珠海在建设绿道网之初，就提出了"绿中求道"的"四三 - 六"方略，四三指：规划秉承"三因"（因地制宜、因型就势、因陋见巧），选线依托"三边"（山边、水边、林边），建设坚持"三不"（不征地、不拆迁、不砍树），成效体现"三化"（生态化、多样化、本土化）；同时根据珠海地形特点打造"六型绿道"，即中心城区"滨海都市型绿道"、山水资源的"田园郊野型绿道"、人文资源的"历史人文型绿道"、新区"体育竞技型绿道"、百岛之市的"海岛休闲型绿道"、航空港口资源的"工业生态型绿道"。绿道建设特色体现在自然资源与文化资源的独特性上，根据地理环境、自然资源、历史文化资源，建设与之相吻合的兵学文化型绿道、宗教文化型绿道、民俗文化型绿道、古城建筑文化型绿道、历史先贤型绿道、自然生态型绿道、现代都市

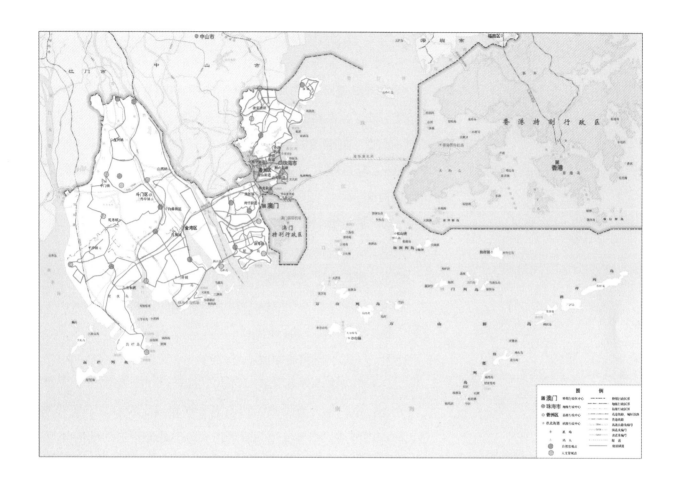

型绿道等，保证文化多样性，彰显惠民绿道建设特色（图5-73）。

图 5-73　珠海市绿道网总体布局规划

　　高新区绿道网：高新区绿道依托黄杨山、淇澳岛、大学园区等自然和人文资源，规划沿情侣路、凤凰山、淇澳岛3条城市绿道。原区域绿道1号线保持不变。凤凰山登山步道由现状的山间小路改造而成，向南连接香洲区的城市绿道，向北与原区域绿道1号线相接。淇澳岛绿道沿东侧环岛路通往苏兆征故居。社区绿道主要沿中珠渠、岐关路、填海区主要道路、凤凰山及周边、淇澳岛红树林。绿道建设应体现高新区的自然和人文特征，包含以下几种类型：教育绿道、科技绿道、生态绿道、登山绿道、岸线绿道和水上绿道。

　　香洲区绿道网：香洲绿道以生态型为主，建成滨海现代特区风光为特色的都市型绿道，为城市居民亲近自然，开展户外活动提供绿色场所。香洲绿道珠海南段主要依托情侣路，串联起16处城市功能区，如将军山公园、海滨公园、野狸岛公园、海天公园、凤凰山和板樟山天然景区、中山大学珠海校区等；北段 1 号绿道则深入唐家湾城乡，重点挖掘唐家湾地区的历史、人文、科技、生态的内涵，将串起共乐园、会同村、栖霞仙馆、北师大珠海分校的山谷校园景区等多处著名景观与景点，共 6 类 16 处城市功能区。从珠澳驿站沿着著名的珠海情侣路一直向北，抵达海天驿站。沿路经过海滨公园、珠海渔女等景点，海边美景无限，长堤椰影平添浪漫气氛（图 5-74、图 5-75）。

斗门区绿道网：斗门区绿道以区域绿道 4 号线珠海段为主轴，沿村落、河流、湿地共同形成 4 条城市绿道。原区域绿道 4 号线保持不变。城市绿道主要分布在沿乡间古道、河流岸线、山脉周边的条件适宜处，并形成"三纵一横"的空间布局。西侧纵向的城市绿道从莲州生态保育区出发，向南沿乡间古道或县道布局；中部纵向城市绿道沿黄杨河顺流而下；东侧纵向城市绿道沿鹤州东海岸抵达交杯滩。社区绿道分布在莲州镇、斗门镇、井岸镇和白蕉镇的镇区内条件适宜处。斗门区历史悠久，山水相依、田城

图 5-74　珠海香洲绿道

226

图 5-75　珠海市情侣路绿道

镶嵌。旅游资源丰富，文化底蕴深厚，生态基础良好。斗门绿道已建成彰显生态价值，传承本土特色，领略田园风光，体现山水禀赋的绿道通道。4 号绿道珠海段串联了黄杨山、黄杨河、金台寺、黄杨大道、白蕉水乡、莲洲生态保育区、斗门村、接霞庄至御温泉。整个线路结合斗门区的自然和人文要素，充分利用黄杨山、黄杨河、白蕉水乡、基塘、农田、城镇郊区、自然村等自然资源，以山间、农田边、河边、水塘边慢行道建设为主要内容，将 4 号绿道线建设成为郊野山水田园风光特色鲜明的绿道（图 5-76、图 5-77）。

　　金湾区绿道网布局：金湾区绿道以珠海大道、沿黄杨河——眼浪山绿道为主轴形成 2 条城市绿道。沿黄杨河绿道向南延伸至鸡啼门水道入海口，并经过木乃向东进入定家湾的航空产业园，之后进入三灶科技工业园，沿安基路向东，并登上拦浪山经过木头冲水库与机场西路相接。社区绿道主要分布在三灶半岛的东侧和珠海大道两侧。金湾区绿道要体现滨江田园的特征和滨海半岛特征，应体现航空产业特色的工业化景观，并为作为对外形象窗口的珠海机场起到示范作用；还应为镇区居民、工业产业人口以及各个自然村的村民提供户外休闲空间。

　　高栏港经济区绿道网布局：高栏港经济区绿道以孖髻山—平塘河—星湖湾—北水镇—高栏岛形成城市绿道。在沿水道处、孖髻山、

生活区和游艇产业区内部规划
多条社区绿道，在港口工业区
内部沿海边和道路绿带边规划
绿道。高栏港经济区的绿道应
体现以生态斑块为核心的组团
布局特征和港口工业特征。

　　万山海洋开发试验区绿道
网布局：万山海洋开发试验区
的绿道主要分布在东澳岛、大
万山岛、桂山岛、外伶仃岛、
庙湾岛和担杆岛内。万山海洋
开发试验区主要体现珠海的"千
岛之市"的城市特征。应将岛
内的旅游资源整合、串联、优
化升级。借助绿道的建设加快
岛屿的开发利用与保护，并为
岛内的居民提供形式多样休闲
活动空间。

图 5-76　斗门区黄杨河畔西堤
　　　　　绿道

图 5-77　省立绿道 4 号线珠海
　　　　　段斗门区石门村荔枝
　　　　　园绿道

图 5-78　淇澳湿地绿道

5.2.4 佛山市绿道规划设计

佛山市绿道网以"十横、十纵、二环"为市级骨干绿网，构筑以常绿为背景基调、各丰富主色调分布于不同级别的"弧、经、纬"上，形成"绿带贯穿、彩带飘舞"的主网，基本形成覆盖佛山全市各区（组团）的整体网络。其中佛山市城市绿道总数约60条，总长度约1000km，涉及佛山五区和东平新城，其中主干城市绿道的长度约300km。社区绿道打造以东平新城、南庄水乡生态休闲区、千灯湖、南国桃园、顺峰山、均安生态乐园、西江新城、云东海、大南山等9个示范区为代表的社区绿道网。道路绿网系统中的"两环"分别为沿佛山一环快速干线形成的"绿色长廊"和沿珠二环高速的"生态走廊"，其他分别为10条纵横交错的城市重要联系道路。河道绿网以西江、北江、顺德水道等区域性河流自然生态廊道为纽带，重点建设中心组团新城区示范水系、组团环城水道及重点的城市内河滨水景观带，形成"三廊、一区、两环、两带"市级城市河道绿网系统，再现"岭南水乡"的鲜明特色（图5-79）。

规划特色：顺德杏坛、容桂的绿道沿线分布原生态河堤风光、蕉林、竹林；三水绿道沿线云东海环湖延展，将森林公园、荷花世界串联；南海桂城绿道连接广州，穿越中心区，是利用率最高的都市型绿道。佛山的每一条绿道都深具特色，它连接起各大旅游景点，也连接起了市民的工作与生活，不仅为市民的休闲娱乐提供一个好去处，也在一定程度上方便了上班人士的出行（图5-80、图5-81）。

典型线路：

千灯湖绿道：千灯湖绿道属于佛山4号绿道的精华段，串联沙仔围公园、全民健身体育公园、千灯湖公园、岗山公园并经桂澜路连接怡海路滨水公园，是一条名副其实的公园绿道。由人工湖、大掩体、历史观光塔、水上茶亭、柏树茶店、溪流、山上观景塔、南水门，以及1300余盏景观灯构成，绿道沿线湖光山色辉映、绿树溪流点缀，风景靓丽。

千灯湖公园内最引人注目的景观是山顶上6座高28.5m的大灯塔、48m单跨钢拱桥以及250m长的廊架和历史观测塔，尤其是各色景灯1300盏，形成一个湖光山色相辉映、绿树溪流点缀其中的美丽景观，使游人日间迷恋于碧水彩树，夜晚陶醉于霓虹灯影之中（图5-82～图5-85）。

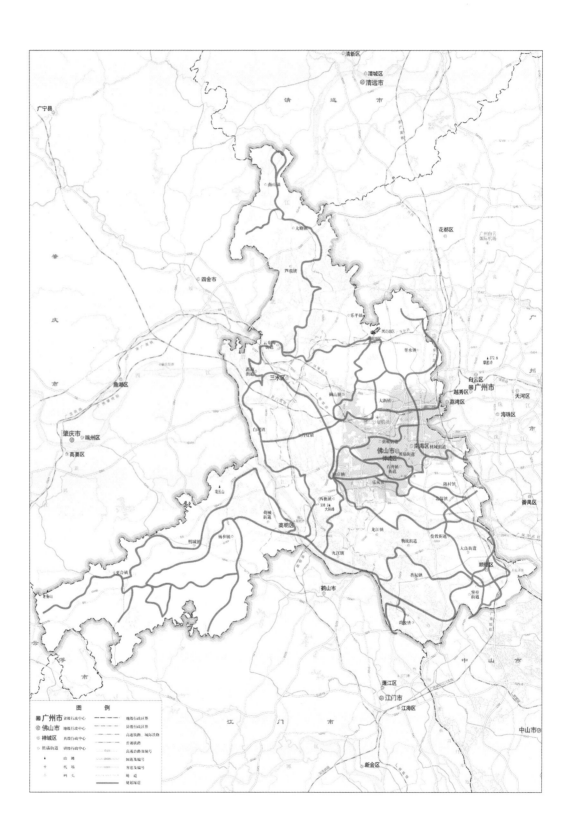

图 5-79 佛山市绿道网建设规划总体布局

图 5-80　佛山南海区都市型绿道

图 5-82　佛山市南海区千灯湖绿道（1）

图 5-81　佛山南庄生态休闲区绿道

图 5-83　佛山市南海区千灯湖绿道（2）

图 5-84　佛山市南海区千灯湖绿道（3）

图 5-85　佛山市南海区千灯湖绿道（4）

5.2.5 惠州市区绿道规划设计

规划惠州市区绿道网空间布局为："三横两纵"的主线结构和环形网络状的支线结构（图 5-86）。线路总长共约 618.2km，其中省立绿道 133.5km，城市绿道主线 269.5km，城市绿道支线 215.2km。各区城市绿道建设里程为：惠城区 195.9km，惠阳区 193.7km，大亚湾经济技术开发区 22.2km，仲恺高新技术产业开发区 72.9km。

区域差异化定位，不同主题特色营造。

惠城次区域：生态资源丰富、人文遗迹众多，既拥有"两江四岸"的生态景观，也包含西湖、红花湖、汤泉等闻名遐迩的旅游资源。结合本区的资源特色，营造以东江风情、人文古邑为主题的江河型绿道。

惠阳—大亚湾次区域：既是重要的工业区、商贸区，也是著名的石化产业基地和物流产业基地。本区域经济基础好，且拥有海岸线、淡水河、淡澳河、坪山河等生态廊道以及铁炉嶂、笔架山等山体资源。可依托河流、山路、村道，建设以滨海景观、石化风貌为主题的绿道网络体系。

陈江—仲恺次区域：为加工制造业聚集区，重点应加强产业升级和空间整合。本区可结合红花嶂、白云嶂以及潼湖湿地等资源，建设以山林景观、湿地景观和现代工业景观为特色的都市型、郊野型绿道。

北部山区：以自然保护区和水源保护区等生态功能为主，本区生态基底好，拥有黄沙洞自然保护区、墩子自然保护区、龙颈自然保护区等旅游资源，适宜充分利用现有江滩、河滩、村道，建设以山林风光为特色的生态型绿道。

典型线路：

大亚湾绿道中段经滨海公园、渔人码头，渔港景色尽收眼底。东段经过风景秀美的霞涌旅游区，游人既可欣赏乌山头山林风光，也可远眺大海，观万顷碧波。不少游人在周末到此一边骑车一边观海景，一边品尝海鲜烧烤，别有一番风味（图 5-87）。

大亚湾省立绿道是珠三角文化休闲绿道支线之一，全长 41km，于 2010 年 5 月动工建设，10 月 20 日全部贯通，11 月正式启用。绿道西段与深圳交接，沿笔架山脚穿过；中段经滨海公园、渔人码头；东段经霞涌旅游区，旅游、休闲相得益彰。大亚湾绿道最大的特点就是沿滨海而行、山海相连。

大亚湾绿道西段与深圳交接，沿笔架山脚穿过，背山面海，远方水天一色。沿途直走，不久就到了观景台，观景台坡下开着星星点点的鲜花。骑车累了，找个地方休息，还可仰望笔架山以及山腰的惠深沿海高速公路，低头俯视海上的珍珠养殖场；坐在休闲椅上，闻着阵阵花香，心情十分轻松愉快（图 5-88）。

途中的红树林风光不可不提，在大亚湾区中兴中路旁边，一大片红树林交织成绝美的水上森林，让人宛如置身绿色隧道。白色的鹭鸟时而展翅掠过红树林顶端，时而踏着湿地，低头觅食。除了鹭鸟，还有各种鸟类栖息在红树林，远远望去，红树林呈现出如诗的画面，水中倒影，又是如画美景（图 5-89）。

大亚湾绿道东段经过风景最为秀美的霞涌旅游区，游人

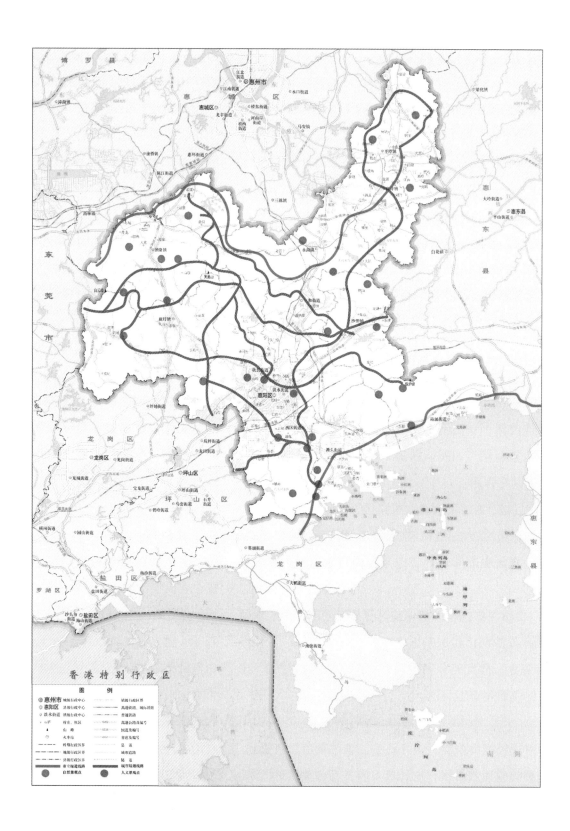

图 5-86　惠州市绿道总体布局

既可欣赏乌山头山林风光，也可远眺大海，观万顷碧波，或漫步于黄金海岸沙滩之上；该段绿道旁有不少海鲜酒家，累了不妨坐下品尝一下大亚湾海鲜。全线共利用滨海岸线近 20km，从黄金海岸到帆板基地，串接了黄金海岸滨海浴场、虎洲夜月、黄金海岸礁石、帆板基地等惠州滨海休闲景点。

图 5-87　惠州大亚湾绿道凉亭长廊

图 5-88　惠州大亚湾绿道凉亭一景

图 5-89　市民穿越在惠州大亚湾红
　　　　　树林绿道上

图 5-90　东莞城市绿道网规划布局

图 5-91　东莞市绿道网规划结构图

5.2.6　东莞市绿道规划设计

　　东莞绿道规划面积为 2465km²。区域绿道经过 21 个镇街，总长约 225km，构成绿道网的主体骨架；城市绿道覆盖全市 32 个镇街，总长约 781km，串联山水特色资源，形成绿道网的连通脉络；社区绿道约 1257km，衔接绿色出行和日常健身，是绿道网的细胞和微循环组织，三者构建一张绿色的生态健康地图（图 5-90）。

　　东莞市绿道网的规划结构为："一心、两带、五环"。一心，城区绿道网核心；两带，东江综合景观带和南部山林风光带；五环，中部、水乡、沿海、埔田、山林 5 个片区绿道环。覆盖全市 32 个镇街，串联全市主要的自然人文特色资源，展现东莞"山、水、城"的城市空间特色，总长约 781km，沿线兴趣点约 173 个，形成绿道网的连通脉络（图 5-91）。

　　山："自然山脊、生态屏障"。水："碧水环绕、岭南水乡"。

　　东莞市绿道网以区域绿道为骨架，城市绿道为脉络，社区绿道为微循环系统，构建完整的绿道网络体系。绿道网系统与绿地生态系统、交通系统、旅游系统等紧密结合。

　　绿道网系统以生态保护与生态修复为基础。区域绿道以生态型为主，着重于生态廊道

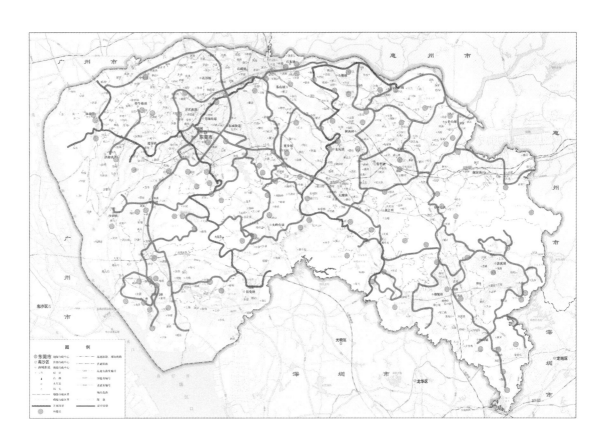

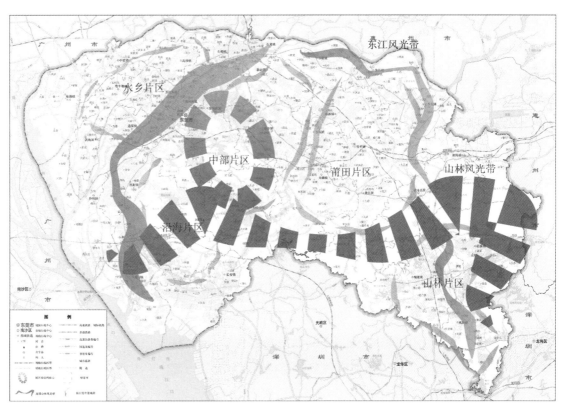

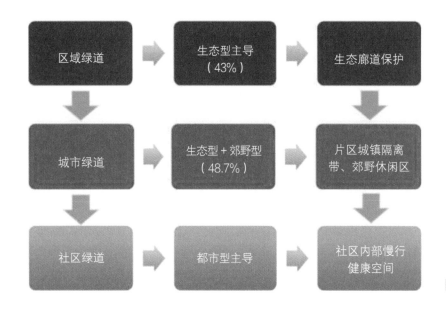

图 5-92 东莞绿道网系统特色

保护；城市绿道以生态型和郊野型为主，是片区城镇隔离带、郊野休闲区；社区绿道以都市型为主，营造绿化环境，打造社区内部健康的慢行空间。

绿道网系统与交通系统无缝接驳。城市绿道与轨道、公路等干线交通有机连接，包括步道、自行车道慢行交通系统，提供较好的灵活性和可进入性，各镇居民 10 分钟内即可到达市绿道网，从城市融入乡村自然生态环境中。

绿道网系统有机融入旅游系统。作为线和面状的旅游资源，有机联系各种人文与自然旅游兴趣点，融入旅游系统（图 5-92）。

典型绿道：

东莞生态园绿道：生态园绿道基本情况：生态园绿道总长约 25.3km（示范段约 7.7km），其中区内段 20.2km，区外段 5.1km。生态园绿道涵盖了省绿道网提出的三种类型：生态型绿道 10.4km，郊野型绿道 7.7km，都市型绿道 7.2km。

园区绿道独具岭南生态湿地特色，同时也是东莞绿道建设三个示范段之一。生态园将绿道与岭南生态景观巧妙地融合到一起，以湿地体验和滨水休闲为主要特点，用绿道将园区主要景点串联起来，从南往北途经大圳埔湿地公园、大圳埔排渠、月湖公园、中央水系生态岛群、塘尾古村落、南畲朗排渠、燕岭湿地公园、南社明清古村落，沿途景点历史与现代并存，人文与自然合一，使人充分感受到园区绿道无穷魅力（图 5-93、图 5-94）。

生态园的绿道建设不拘泥于简单的培绿修道，而是以引领东莞城市生态时尚为目标，与经济文化建设统一起来，与湿地的生态环境、低碳的产业模式、本土的岭南文化和走向后工业时代低碳慢行的趋势相结合。生态园绿道突出了生态

修复与环境发展的完美结合，景观建造与生态系统构建的有机统一，自然景观与人文要素的有机耦合，陆道与水道相伴行等方面放入鲜明特征。可以说，绿道是生态园的一条生态骨架，是一道落实科学发展观、建设生态文明与和谐社会的风景线。

图 5-93 东莞生态园绿道（1）

图 5-94 东莞生态园绿道（2）

5.2.7 中山市绿道规划设计

绿道着重体现中山地方特色，围绕村（翠亨）、城（主城区）、山（五桂山）、水（民众水乡）四个旅游精品系列，对各类旅游资源和分散的旅游区（点）进行有机整合，做"活"翠亨的中山文化，做"丰"中山城区的休闲内容，做"秀"五桂山的风景旅游，做"特"民众水乡的水上项目。综合优化形成 12 条城市绿道主线，9 条城市绿道支线，串联起中山市 24 个镇区，4 个郊野公园，若干市级、区级公园，历史文化遗迹等发展节点，线路总长度约为 421km，实现城市与市郊、市郊与农村以及山林、滨水等生态资源与历史文化资源的连接，对改善沿线的人居环境质量具有重要作用（图 5-95）。

绿道建设与创建宜居城乡相结合。把城区的绿道规划为绿道建设的示范段，做出中山园林绿化的特点，并与中山现有的城区公园、街头绿景相结合，丰富城区绿化的层次。在镇区，则充分利用优美的自然风景特征、独具风韵的岭南农村特色，打造村镇休闲绿道特色，使绿道成为联结城市和村镇的绿色走廊，城里人可以沿绿道去欣赏田园风光、水乡特色、山林野趣和滨海风光，村镇人也可以沿绿道到城区来体验城市绿化造就的园林现代都市（图 5-96）。

绿道注重体现中山历史文化名城的特点。绿道规划时注重体现"人文中山"，区域绿道的规划，将其沿线的孙中山故居、孙文纪念公园、博爱医院、紫马岭公园等人文历史景观串联在一起，使游人一进入中山就感受到中山精神的存在，能够进一步推动中山历史文化名城的建设，促进文化事业的发展。

典型绿道：

省立绿道 4 号线中山示范段：中山城区范围内的绿道精心做出中山园林绿化的特点，并与中山现有的城区公园、街头绿景相结合，丰富城区绿化的层次。博爱路段游径设置在博爱路两侧现状自行车道上，起点为长江路口，终点为孙文公园，全长 3924m。城区绿道沿线的公园包括博爱路绿廊、紫马岭公园、名树园、孙文纪念公园等。

图 5-95　中山金钟水库绿道

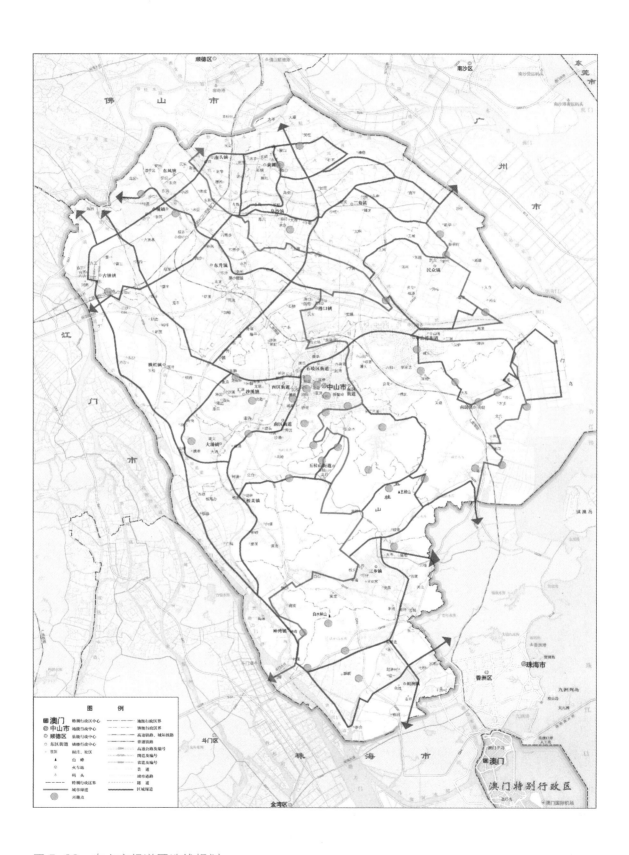

图 5-96　中山市绿道网选线规划

5.2.8　江门市绿道规划设计

　　江门市绿道网建设将结合本地自然、历史、人文和旅游、文化资源，凸显本地特色：①侨乡特色，绿道经过古劳水乡、江门北街近现代建筑群、新会小鸟天堂、开平立园等具有浓郁侨乡特色的景区和景点；②世界文化遗产特色。绿道经过开平自力村碉楼群，让游人饱览世界文化遗产的风采。规划在以省立绿道3号、6号线为主干的基础上，结合城市的空间形态，选取有代表性的森林公园、文化遗迹、传统街区、滨水空间等自然、人文节点以及城市功能组团进行有机串联，并与城市慢行系统对接。城市绿道将结合侨乡山水特色，建设沿江、沿河、沿公园的城市绿道网络，使城市绿道与

图 5-97　江门葵林绿道

图 5-98　江门银湖湾绿道风光

省立绿道有机衔接，融入大绿道网络体系（图 5-97）。

　　基于城市自然、社会、经济等各种要素的布局情况，结合城市空间形态及功能空间的拓展方向，形成环型、带型、放射型、组团型等多种类型的绿道网络结构，使城市绿道与省立绿道关系犹如在主干上开花结果，分枝延伸生长之余又自成网络体系，最终实现绿道网的服务目标。

　　典型线路：

　　银湖湾绿道：银湖湾段绿道属于新会绿道 6 号线，东接崖门炮台段，西抵古兜温泉度假村段，沿线经过银湖湾新一围东堤、新一围南堤、三龙围耕作区、三龙桥、5000 亩整治区北堤、新洲围北堤、西入口路及古斗桥。

　　新会银湖湾绿道贯穿银湖湾内各特色旅游景点，包括有银湖湾休闲广场、浩伦生态园、渔家风情庄园、和黄游艇休闲度假区、湿地主题公园和围海大堤等，将与经过小鸟天堂、崖门古战场、慈元庙、杨太后陵、崖门炮台、古兜温泉度假区等 6 个景点的绿道贯通，形成长约 57.8km 的休闲旅游风光带。游人既能欣赏湿地生态风光和田园景色，又能到种植场品尝新鲜水果。

　　游览于此绿道，游人可沿绿道到银湖湾听拍岸潮声，可观海天一色、白鹭飞翔的美景，还能欣赏到红树林带特有的景观和优美的田园风光（图 5-98）。

5.2.9 肇庆市绿道规划设计

在肇庆"千里旅游走廊"的基础上进行布局和选线的基础，同时综合考虑自然生态、人文、旅游、交通和城镇布局等资源要素以及上层次规划、相关规划等政策要素，结合各县的实际情况综合分析并优化，形成绿道布局方案。

西江绿道：以体现肇庆西江流域文化，以丰富的人文和自然景观为特色。线路以鼎湖蕉园村为起点，经高要、德庆和封开。途中串联双龙湖旅游风景区、西江三峡、悦城龙母庙、三洲岩、三元塔、中华龙坛、华表石景区、封川古城址等历史文化景区，全线穿越西江走廊，最后到达封开县城。

绥江绿道：以绥江滨水岸线优良生态景观为背景，串联多个生态旅游区，以体现肇庆民俗文化风情为主要特色。线路以高新区为起点，向西北经四会、广宁和怀集。途中串联将军山麒麟湖、龙湖、大旺公园、南田水库、玫瑰园、十里竹海带、平头沙度假区、万竹园、竹海大观旅游区、坳仔厘竹生态景区、天湖江、塔山森林公园等生态旅游景区，全线以绥江为主题，最后到达怀集县城。

西部绿道：以肇庆粤西山区特有自然地质地貌和民俗风情为主要特色。线路在怀集县城与绥江绿道交会并为起点，向西南与封开相连。途中串联怀城景区、燕岩省级风景名胜区、连都画廊景区、龙山景区、盘古石景区、千层峰风景区等著名旅游风景区，全线以联系西部多个旅游节点，同时展现具有特色的生态和农业生产景观，最后经国道321与西江绿道相连。

促进城市生态环境建设：肇庆省立绿道1号线和6号线是以自然保护区为生态背景而建设的，在省立1号线和6号线建成的基础上，通过城市绿道的规划建设，有利于保护肇庆市自然生态环境，促进生态体系等防护工程的建设。同时，结合城东水景渠、西江滨河堤改造、星湖环湖工程等城市生态景观建设进行布局。

促进宜居城乡建设：肇庆市在生态环境及宜居指标上在全国区域层面具有比较优势，绿地覆盖率、绿化率、人均绿地面积都达到较高水平，优美的自然风景特征、独具风韵的岭南文化、城市绿化造就的园林般现代都市均是这一职能的体现，肇庆曾获得"国家级历史文化名城""国家优秀旅游城市""国家卫生城市"等称号。绿道的建设与肇庆宜居城乡的整体环境特征是相契合的，有利于进一步提高肇庆市的园林绿化水平。

促进历史名城品牌效应：肇庆是国家历史文化名城，是中原文化和岭南文化的交会处，有着灿烂的历史文化。梅庵、崇禧塔、宋城墙、阅江楼、丽谯楼、文明塔、七星岩摩崖石刻群、周其鉴故居等300多处具有科学研究价值文物古迹。星湖风景名胜区是国务院首批公布的全国重点风景名胜区之一。绿道的建设能够进一步推动肇庆历史文化名城的建设，促进文化事业的发展（图5-99）。

与旅游产业发展相结合：绿道围绕山（北岭山）、湖（星湖）、城（主城区）、江（西江）四大元素系列，对各类旅游资源和分散的旅游区（点）进行有机整合，做"活"历史文化名城，做"丰"肇庆城区的休闲内容，做"秀"七星岩风景旅游，做"特"民众岭南文化项目。

与新农村规划建设相结合：绿道结合沿线农村居民点，如苏村、蕉园村等，发挥各自的资源特色，同时结合绿道沿线的农家乐、旅游点、历史文化保护点，建设驿站、码头和相关配套设施，把沿线村庄打造成生态旅游的节点。

与基础设施建设相结合：绿道结合沿线堤围硬底化工程，如星湖西堤路段；道路设施工程，如 321 国道改造工程；沿江改造工程，如江滨路堤路改造建设，进一步加大了基础设施建设的力度。

典型线路：

环星湖绿道：环星湖绿道全长 19.1km，是连接景区与城区的主要途径，同时位于城区"山、湖、城、江"主要轴线上，是体现城市优良的旅游、生态资源和地方人文特色的重要地段，已成为连接城市与山水的一道亮丽风景线。绿道提升了星湖景区的品质，增加了原星湖景区的活动空间，也方便市民游乐。

图 5-99　肇庆广宁县竹林绿道

图 5-100　肇庆环星湖绿道

　　肇庆星湖被誉为兼得"西湖之水、阳朔之山"的"岭南第一奇观"，肇庆环星湖绿道处于风景如画的七星岩风景区周边沿湖地段。该绿道结合七星岩风景区的规划和近期珠三角绿道网的设置，环绕七星岩风景区 4 个湖面，规划分别沿波海湖、中心湖、青莲湖、仙女湖打造 4 个环形生态休闲带，将景区划分为 4 个休闲片区。通过在周边滨水地段设置各具特色的 4 个环状游径，形成以自行车与人行相结合的城区慢行系统。

　　环星湖绿道还包括一段"凌水"栈道，栈道整段设计体现为组织一个以人为本的、点线面相结合的宜人栈道系统。游径宽度3.5 ～ 6.5m，主要以滨水型亲水步行道、自行车道和观景平台为主要形式，让栈道可涉水而过，为游人和星湖提供更多"亲近的空间"。

　　同时结合省立绿道 1 号线建设，该绿道还启动了牌坊广场改造升级，新建了东门广场、波海公园、牌坊公园、起点广场等一批环星湖景区观光点，沿途有多种服务配套设施（图5-100）。2011 年，中国城市竞争力研究会给肇庆市授予了"肇庆星湖绿道中国最美的绿道"的牌匾。

5.2.10　南宁市中心城绿道规划

南宁市绿道网规划将中心城区绿道网分为三级：

市域级绿道——联系中心城及向市域范围联系的绿道，对市域层面的生态环境保护和生态支撑体系构建具有重要意义的绿道。

中心城区绿道——服务于中心城内部，沟通了中心城内部的各个组团，对中心城内部的生态系统建设具有重要意义的绿道。

组团级绿道——以服务组团内部为主，使绿道网的服务范围覆盖至组团内的各个片区，使组团内主要的公园绿地与市民之间建立更为便捷的联系通道（图 5-101）。

绿道网结构：

一横（市级绿道）——邕江风情走廊。

一纵（市级绿道）——生态核心主轴。

一环（区级绿道）——外环联系纽带。

八廊（区级绿道）——生态联系廊道。

十九脉（组团级绿道）——活力渗透经脉。

图 5-101　南宁市绿道规划
总平面图

5.2.11　福建石狮市绿道规划

石狮市绿道系统规划以"编织石狮绿色生态网络、挖掘石狮历史文化积淀、引领石狮健康休闲生活、带动石狮特色旅游产业"为目标，根据石狮市自然本底特点、城镇发展结构特征和未来发展态势、自然和人文景观资源的分布情况，以绿道线形联系为基础，点、线、面结合，串联尽量多的景观资源兴趣点、服务尽量多的人群。

在市域范围内，绿道布局重点落实福建省级1号绿道（滨海绿道）和泉州市市域1号、4号绿道的具体走向，构筑石狮城市生态、休闲廊道，形成"一环"；整合石狮城市景观资源，串联主要生态斑块，依托城市重要河流、市政干道及生态绿廊，构建石狮城市绿色骨架，联系海山城、联系城乡，形成"三横三纵"；石狮各组

图 5-102　石狮市绿道总平面图

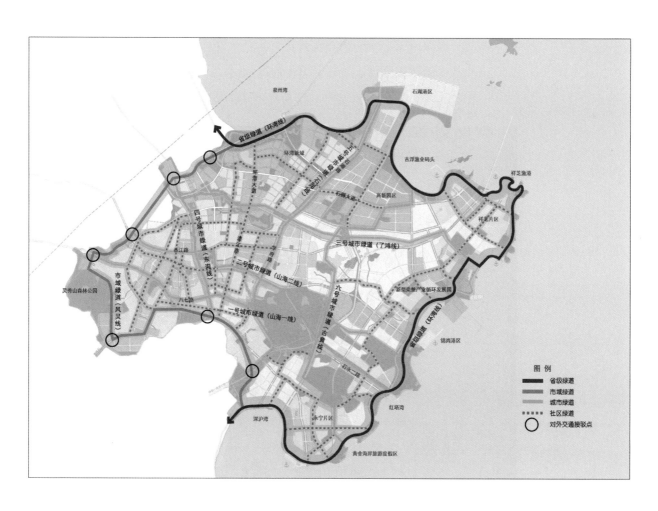

团片区依托城市道路、小巷及河道，串联自然、人文景点及商业中心，形成"多片分布"，共同构成"一环，三横三纵，多片分布"绿道网总体结构。

绿道系统综合考虑城市生态本底、景观资源、人口和交通等资源要素以及相关规划等政策要素，结合各组团片区的实际需求叠加分析，综合优化形成 1 条省级绿道、1 条市域绿道、6 条城市绿道、若干条社区绿道四级绿道的具体线路，总长 255.5km。其中省级绿道 43.7km，市域绿道 22.3km，城市绿道 79km，社区绿道 110.5km。规划划定了一定范围的绿道控制区，综合布设 3 个一级驿站、5 个二级驿站、7 个服务点，共同构成石狮市绿道系统（图 5-102）。

5.2.12 武汉东湖绿道规划设计

东湖绿道属于绿道网中的"片区城市绿道"，通过城市绿道联络线与城市绿道主线和环城绿道相连接。东湖绿道要建设世界级绿道，必然要借鉴世界最先进的园林绿化生态和可持续发展理念，2015 年以来，东湖绿道在"众筹"民意基础上，邀请深圳北林苑、美国 SWA、EDSA、ATLAS 四家单位完成了方案部分，方案获得全国优秀城市规划设计二等奖。

东湖绿道整体以"D 调东湖，心系绿道"为主题特色。形成"百里环水、一心三带"的绿道总体结构（图 5-103）。一心，以环郭郑湖的 18km 绿道为核心及此次规划的启动，串联东部三条绿道；三带，分别是环汤凌湖及小潭湖绿道、环团湖绿道及环后湖绿道，作为对环郭郑湖绿道的补充及延伸。环东湖绿道全长 28.7km，包括湖中道、湖山道、磨山道和郊野道 4 条主题绿道。

其中东湖郊野段总长度 10.6km，西起鹅咀，东至磨山东门，藏于东湖深闺中的落雁景区将通过本项目建设充分呈现于广大市民眼前。设计贯彻"让城市安静下来"的发展理念，以"湖光山色·醉美乡野"为核心特色，将东湖绿道郊野段打造成东湖风景区乡村主题园与湿地观光体验首选地。在景中村建设上，探索研究改造策略，提供景中园的发展思路；在景区发展上，通过绿道的连接，进一步梳理景区风貌特色；在地域景观的营造上追溯儿时记忆，恢复炊烟、田野、水杉林的郊野风貌。让市民感自然之脉搏、享绿色之趣行。全段绿道规划为湖光城影段、生态田园段、湿地郊野段、落雁长歌段，以激发市民更多游园探险新体验（图5-104）。

为保证绿道完整性和游客的可达性、安全性，内部绿道全段禁止社会车辆通行，仅保留应急车道功能。机动车禁行后，外围的机动车辆通过新规划的道路及周边其他道路绕行解决交通出行问题。机动车和绿道交叉口处，以管理和绿道设计为主，保证绿道的安全性。落雁驿站处设有大型社会停车场，解决了交通接驳和车辆停放的问题。在机动车禁行末端设置公交车换乘站，保证绿道的完整性和游客的可达性（图5-105）。

郊野段的设计通过不同的设计手法，将其不同特色的郊野之美展现为：外阔内幽、西旷东野之美，乡野田园、农田炊烟之美，尊重自然、野生生长之美，芦洲落雁、和谐自然之美（图5-106～图5-109）。景观设计依据美景天成的先天优势，保护原生态还原"野趣"，在郊野道沿途设置了亲水场所、林中栈道等。同时，将设立以"田园童梦""塘野蛙鸣""落霞归雁"等为主题的野趣景观节点。郊野道提供东湖风景区游赏的多维视角，形成对高铁游、跑酷游、画舫游、骑行游等游览方式的全覆盖。绿道自行车道与步行道将分行，两道之间设绿化带，步行道不少于1.5m，自行车道宽不少于6m。为此，现有道路将进行整体拓宽，拓宽幅度不超过2m。

东湖绿道郊野段设计秉承融入自然的原则，选线因地制宜、随形就势，避免大工程量的土方填挖；设计细部充分运用乡土材料如土、砖、石、木、瓦等，自行车道采用青灰色透水混凝土，人行步道选用夯土路面、散铺砾石、透水砖三种形式，景墙选用干垒石墙、夯土墙，突出乡野气息。植物设计以原生的水杉林为基调，营造大花乔木的浪漫花廊和野花野草的乡野之美（图5-110～图5-117）。

东湖绿道不仅极大提升了东湖沿线的环境品质，还促进了周边的美丽乡村建设与经济发展，实现环境、社会、经济效益高度统一。

图 5-103　东湖绿道总体结构

0　200　400　　800m

图例　LEGEND

01　鹅咀（接湖中段、磨山段）
02　落雁路步道
03　雁中咀驿站（炊烟夹道）
04　西堤步道（菱湖炊烟）
05　湖滨步道（湖城好望）
06　总观园
07　菜园步道（田野童梦）
08　柳堤步道
09　生态园驿站（零碳花园）
10　东湖生态园
11　禾草步道（塘野蛙鸣）
12　新武东村驿站（荷风林语）
13　落雁岛驿站（落霞归雁）
14　青王路门户
15　磨山景区门户（磨山景区东门）

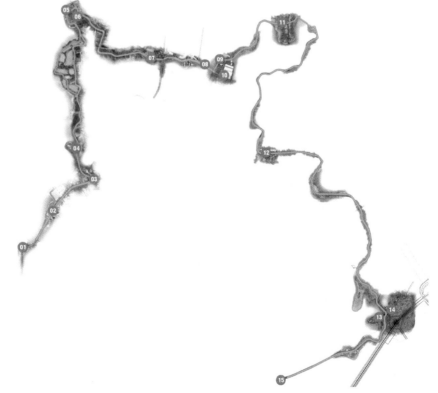

图 5-104　武汉东湖绿道郊野段
　　　　　　总平面

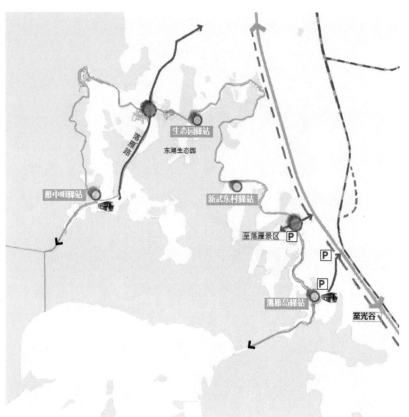

图 5-105　武汉东湖绿道郊野段
交通组织规划

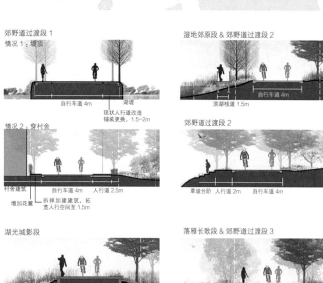

郊野道过渡段 1
情况 1：堤顶

自行车道 4m　　湖堤
现状人行道改造
铺装更换，1.5-2m

情况 2：穿村舍

村舍建筑
增加花篱
自行车道 4m　　人行道 2.5m
拆掉加建建筑，拓
宽人行空间至 1.5m

湖光城影段

自行车人行混行 4.5-7.5m

湿地郊原段 & 郊野道过渡段 2

滨湖栈道 1.5m　　自行车道 4m

郊野道过渡段 2

草坡台阶　　人行道 2m　　自行车道 4m

落雁长歌段 & 郊野道过渡段 3

人行道 2m　自行车道 4m
生态草沟

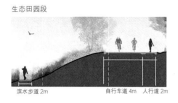

生态田园段

滨水步道 2m　　　自行车道 4m　　人行道 2m

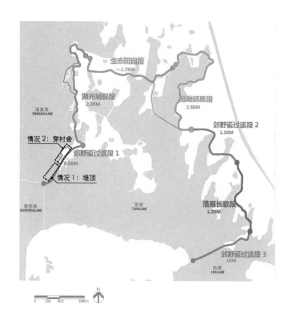

图 5-106　武汉东湖绿道郊野段
道路断面形式

图 5-107 　武汉东湖绿道郊野段
　　　　　道路断面效果

图 5-108 　武汉东湖绿道郊野段
　　　　　"落雁南驿站"效果

图 5-109 　武汉东湖绿道郊野段
　　　　　"新武东村荷塘"效果

图 5-110　武汉东湖绿道郊野
段生态汀步

图 5-111　武汉东湖绿道郊野段
乡土材料应用

图 5-112　武汉东湖绿道郊野段
生态绿道

图 5-113　武汉东湖绿道郊野段
透水铺装

图 5-114　武汉东湖绿道郊野段驿站　　　　图 5-115　武汉东湖绿道郊野段雨水花园

图 5-116　武汉东湖绿道观景亭　　　　　　图 5-117　武汉东湖绿道滨河段

5.3

社区绿道

5.3.1 大鹏新区绿道规划设计

大鹏新区位于深圳市东南海岸，东临大亚湾，与惠州接壤，西抱大鹏湾，遥望香港新界，三面环海，陆域面积 294.18km²，海岸线长 133.22km，森林覆盖率 76%，拥有独特的山海风光、优美的自然资源和丰富的人文资源（图 5-118、图 5-119）。依托大鹏新区的壮阔山海格局、悠久的岭南文化传承，以"通山达海、魅力大鹏"为目标，规划串联城乡自然、人文景观，构筑城乡一体，山海相连、衔接方便的多功能绿道网络系统。综合而言，大鹏新区为全深圳市生态环境最优秀、景观最优美的地区。

大鹏新区绿道规划目标为南中国最美的绿道，根据大鹏新区绿道规划的生态性、可行性、多样性、便利性、连续性、安全性原则，对各综合评价分区设定生态质量和美学评价指导原则，在注重生态环境保护的同时，串联了风景最优质的地区。依照对综合分区的绿道建设指导原则，并综合考虑景观资源点连通、居民交通便利和安全出行等因素后，为建设富有中国自然观与审美观的绿道提供了依据。建成后的大鹏绿道与山海风光融为一体，成为生态观光的热点。

项目区域范围内海岸线资源丰富，因此新区绿道的规划设计十分注重海岸线的保护。在遵循生态保护、旅游优先、集约利用等原则的前提下，根据现有海岸线及山体等自然资源，合理打造登山绿道，滨海绿道，并创新性提出了"六道合一"型多功能绿道建设，同时规划有山海风光休闲径、历史文化体验径、滨海民俗风情休闲径、古村落文化体验径、山海风光探险径等 5 条特色线路。

大鹏新区绿道网总长约 284km，其中已建省立绿道 2 号线大鹏新区段全长 88km，新规划绿道全长 196km，串联了大鹏新区 80 多个重要景观节点，形成了集山、海、田、城等特色为一体的"一横 + 一纵 + 两环"的绿道网总体格局，被誉为最生态自然的美丽绿道（图 5-120 ~ 图 5-128）。

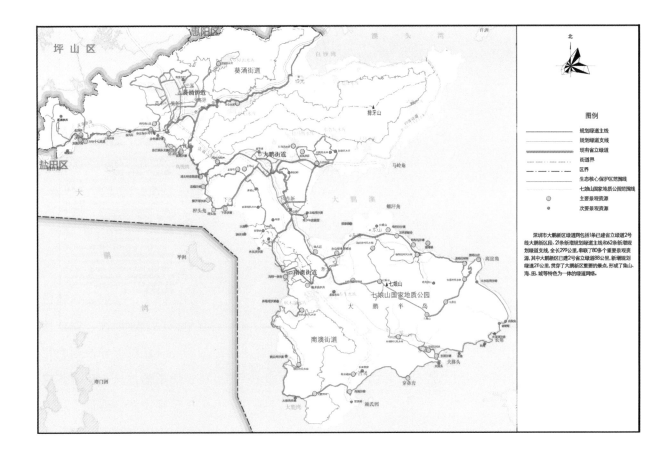

图 5-118　深圳市大鹏新区绿道选线规划图

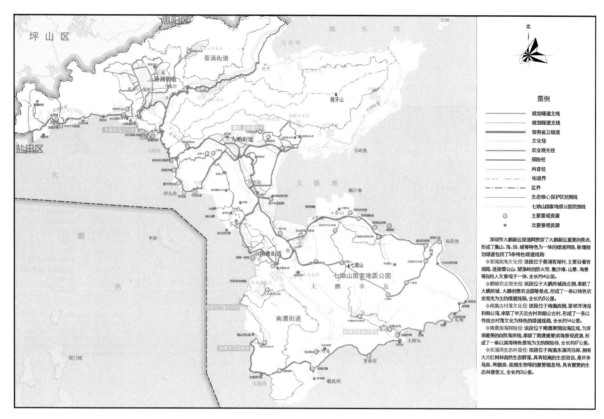

图 5-119　深圳市大鹏新区绿道特色线规划图

图 5-120　深圳市大鹏新区多功能绿道分布图

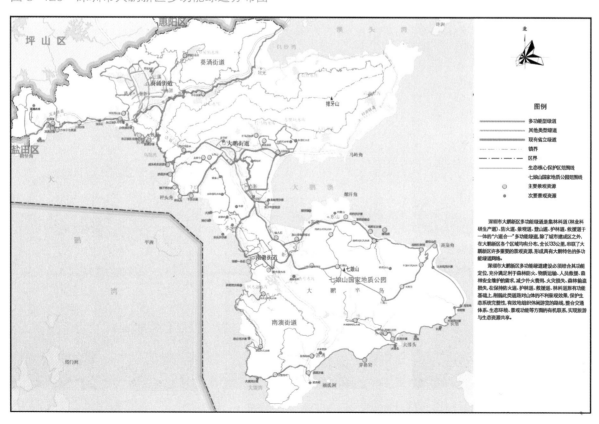

图 5-121　大鹏绿道多功能概念图

图 5-122　临溪的小径

图 5-123　大鹏绿道登山道

图 5-124　大鹏绿道细部

图 5-125　大鹏绿道（1）

图 5-126　大鹏绿道（2）

图 5-127　大鹏绿道标识

图 5-128　大鹏绿道节点

5.3.2 深圳坪山新区聚龙山绿道设计

坪山新区聚龙山绿道沿途绿树成荫、湖光山色，景色非常优美，是绿色的天然氧吧和节假日休闲旅游的场地，可以骑行也可以步行，沿绿道攀至山顶，可欣赏山林野趣，也可感受湖光山色，是居民周末漫步的好去处，亦是骑行爱好者的理想之地（图 5-129）。

图 5-129　聚龙山绿道（深圳市城管局提供）

5.3.3 广州番禺绿道网络规划

广州市番禺区是典型的岭南水乡，境内江环水绕，河网纵横，沿岸岛屿罗布，拥有建设绿道的河滨、山脊、沟渠、风景道路等自然、半自然保留地。但快速城市化造成大地景观基质日趋破碎化，快速的交通网破坏了人文古迹周边的历史风貌，分割了城市和郊区，影响了开放空间的连续性与系统性，割裂了天然生态廊道，也削弱了地方的整体特色。

番禺绿道网络以区域生态廊道为基础，依托番禺区的"三纵三横两心""斑块—基质—廊道"的生态格局结构，串接金山大道、中部沙湾水道等生态廊道，通过道路防护绿带、滨海防护林带，串联东部山林莲花山、西部大夫山与滴水岩森林公园等多个生态节点，通过绿道绿廊系统控制实现对地区城乡生态景观环境的有效整合，对恢复和增强自然生态系统的自我调节能力，提高全面的生态系统服务功能，约束城市的无限扩张，保障自然过程的连续性和完整性，都具有十分重要的意义。

番禺绿道规划注重近远期结合，打造多元多系统的绿道网络。在充分研究番禺区景观、生态系统、风景园林资源与重大项目规划的基础上，近期沿既有的交通道路新建或改建绿道线路，搭建起初步的绿道网络架构；远期实现与城市慢行系统、城市建设发展之间深度的互动，通过建设包括滨水休闲型、自然山林型、旅游观光型、城市景观型绿道等类型，反映农田水网的岭南水乡肌理的景观格局，使绿道系统在番禺形成多元的、多系统的架构。

广州番禺绿道规划的目标是构建宜居城乡，修复快速城市化造成的破碎化地域景观格局，实现城乡规划建设和地域景观与物种多样性的和谐统一。其目标突出表现在两方面：一是打造番禺区绿色交通体系；二是构建具有鲜明地方文化特色的多样性地域景观格局，实现景观与物种多样性发展与保护。

交通设施被认为是导致景观破碎化、生物栖息地丧失的主要原因。番禺区快速交通导致城区割裂；慢行系统缺失，使得居民出行不便。绿道作为一种可供行人和骑车者进入的线形景观廊道，既是

区内重要的绿色交通体系，同时也是旅游目的地与城市开放空间，是城市游憩系统的重要组成部分。番禺区绿道慢行道系统由自行车道、步行道、无障碍道（残疾人专用道）、水道等非机动车道共同构成，考虑到修建绿道的可操作性与经济性，其选线尽量利用现有的水系与道路系，沿着既有的城市道路、各级公路、堤围路、机耕路、公园路等，新建或增建绿道，经过城市区域充分利用城市慢行系统实现其连通性；在跨越水系时，充分体现水乡特色形成渡口或水上游线；实现与番禺区交通枢纽如轨道站点、客运站等节点的连接。

番禺绿道规划提出"传承千载文脉，连接古邑新城古迹新辉；承载亚运精神，引领城市康体动感生活；畅游岭南水乡，打造城乡旅游休闲廊道"的特色，结合千年文脉、水乡风情与现代游乐游憩资源，将城镇绿地系统与郊野植被、农田、自然保护区、风景名胜区与历史遗迹连接，打造集休闲、游憩、健身、交通、生态廊道于一体的宜居城乡旅游休闲绿道。通过绿道将分散的风景园

林与自然生态资源串为一体，遏制了地域景观的破碎化趋势，为以后实行地域景观与物种多样性发展奠定了坚实的基础。

番禺绿道线路策划了两条最能反映自身现代特色和历史文脉的休闲绿道，通过特色绿道规划建设实现其地域景观格局具有鲜明的地方特色。一条为亚运绿道，重点串联大学城与亚运城两大亚运节点，将亚运赛时基地连通，同时串联化龙农业观光园与莲花山风景名胜区；另一条为番禺文化绿道，重点串联番禺传统和现代景观，展示番禺的历史文脉和生态特色，线路连接宝墨园、大夫山森林公园、广州南站、长隆欢乐世界、余荫山房。其中最有意义的是作为岭南四大名园之一的余荫山房通过绿道的串联实现了将古代名人私园导向城市与自然，纳入城市共享景观资源的系统中去。

5.3.4 东莞松山湖产业园风景道和绿道规划设计

松山湖园区总面积 72km²，丘陵地貌使松山湖绿道此起彼伏，天然自成，绿道两旁林密青翠。松山湖绿道建在公路两翼，中间有绿化带隔离，双线绿道路宽 7m，从莞樟路入口途经园区新城大道、红棉路、大学路、东城北路接入大朗，全程 14.9km。

列东莞新八景之首、有 8km² 水面的松山湖，四周峰峦环抱，湖面烟波浩渺，湖鸟轻鸣；42km 长的滨湖路曲径通幽，路旁是绿意盎然的荔枝林和多品种果园。松山湖绿道更如一条绿色丝带贯穿整个园区，串联中心公园、新月湾沟谷公园、岁寒三友公园、松湖烟雨和松湖花海等七大景观，以及东莞理工学院等高校多个节点，从而实现了将松山湖中心区和南区的连接。

松山湖风景园林规划设计，在尊重基址自然特征的同时，强调建筑、道路与自然环境的共生，通过绿色链（greenway）—

图 5-130　东莞松山湖产业园风景道平面

湖面

平地

山坡

绿色廊道与蓝色链（blue way）—水系将自然林地与建筑空间整合起来，形成一个整体景观生态网络（ecological network），完善每个局部地区与周边整体地区的景观体系，形成完整的景观空间网络（图5-130、图5-131）。

松山湖绿道采用风景道路（parkway）的设计概念，结合原有植被和地形、水体营造大范围的风景车道，让道路在大面积的景观序列中穿梭。松山湖风景道兼顾车行道和人行道功能。广东各市在建设绿道时，都建设了示范性绿道，其中东莞的示范性绿道便是松山湖绿道。松山湖绿道总长122km，主要包括滨湖区生态游览绿道和园区主干道交通绿道两部分（图5-132～图5-138）。

总平面图

图 5-131 东莞松山湖产业园总平面

图 5-132 东莞松山湖产业园风景道节点设计平面图

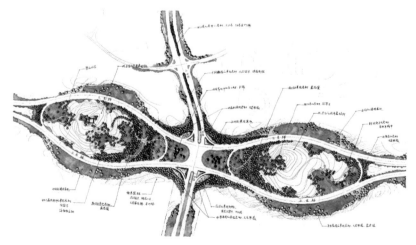

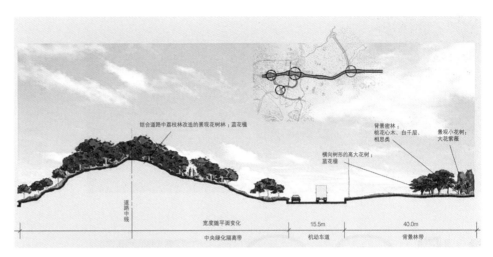

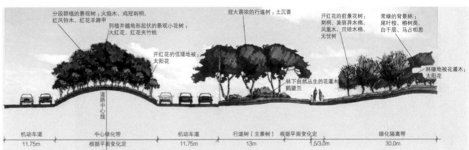

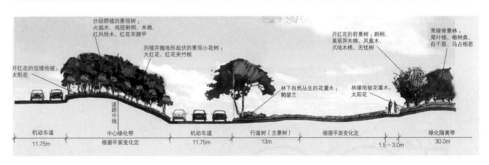

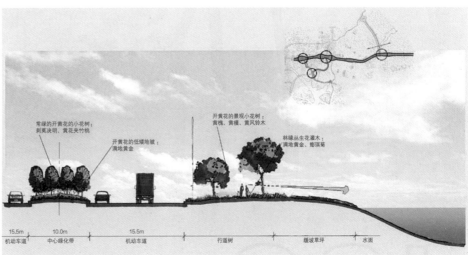

图 5-133 东莞松山湖产
业园风景道地
形分析剖面

图 5-134　东莞松山湖产业园风
　　　　　景道

图 5-135　东莞松山湖产业园绿道

图 5-136　东莞松山湖产业园绿
　　　　　道节点效果

图 5-137　东莞松山湖产业园风景道、绿道

图 5-138　东莞松山湖风景道

5.4 成都温江：大园·无界，从绿道到公园城市

早在 2014 年香港园境师学会成立 25 周年行业会议中，在笔者的建议下，大会以"无边界景观"为主题，"无界"的概念被首次提出。经过多年的思考与沉淀，在成都温江践行新发展理念的公园城市规划中提出"大园·无界"概念，用"园"来溶解城市，打破城园界限，实现城园无界、产城无界、文化无界、梦想无界，使"无界"理念在实践中践行。

2010 年成都紧跟珠三角开始建设成都绿道，建成温江绿道、锦江绿道、沙西绿道等。经过十年，成都绿道从单一功能走向复合功能，从不连贯体系走向连贯的体系，形成完整的生态网络。绿道逐渐加宽，串联城乡绿地、居住区、棕地绿地、更新地块、城市商娱公共空间等，绿道网扩展成公园链和公园网。成都公园网利用公园包围城市、社区、建筑综合体群的形态特征具备了公园城市的雏形。绿道是公园城市的生态基础，为公园城市的形成提供框架。由绿道扩展形成的公园网具备了公园城市的雏形，引导公园城市空间发展，促进自然和城市融合发展，共同推进，其连续性、多样性、景观丰富程度能直接反映公园城市的建设进程。

关于人与自然的关系认知是关乎人类安身立命的重要命题。哲学上最早将自然分为两个自然，把未经人类改造的自然称为"第一自然"，也称天然自然；把经过人类改造的自然称为"第二自然"，也称人工自然。风景园林上将纯自然景观称为第一自然，人工自然即我们称谓的风景园林，为第二自然。改革开放以来，城乡建设的进程迅速加快，城市建设速度远超其他国家。在新时代生态文明绿色发展背景下，对原来的第二自然进行了拓展以及结合实践的深化理解和认识发展，由此产生了对自然新认知的"四个自然"观点。

四个自然中第一自然（纯自然）就是人类的认识和行为未曾影响到的自然，是自然存在的、客观的物质世界，即客观存在、未受人类影响的天然绿地系统，如原始森林、天然湿地、自然山峰、草原、天然河湖、国家级自然保护区等。

第二自然（近自然）是天然自然物"经过"人的干涉的过程，

天然自然物虽然发生了某种形态上的或者数量上的改变，但尚未使之发生内在本性上的变化，是利用自然的初级产物。即为郊野公园、森林公园、地质公园、湿地公园等自然公园以及绿道、碧道、自然农业景观、生态修复的次生林、经过人类文化加工的地理风水环境等。

第三自然（人工自然）是人类采取技术和工程手段改造、创建、加工过的自然界，是人类利用自然之材发明制造的人工物。大部分的风景园林，如城市公园、乡村公园、文化遗产地、主题公园等公园绿地以及现代农业、人工林等属于第三自然。

第四自然（社会自然）是技术发明（或工程建造）的人工物与社会性有机地结合起来，将个别的、偶然的、不自觉的人工物，通过产业、产业实践转变成为普遍的、必然的和自觉的人工物，即社会的人工自然。主要指人工构筑物、公共艺术、智慧科技设施以及行道树、立体绿化、屋顶花园、居住环境等。

四个自然是全域风景园林体系生命支撑系统，以美好自然、人文共享为最高目标，涵盖城乡范围内多尺度的纯自然、近自然、人工自然和社会自然，具有多功能、连通性，在协调平衡土地利用和产业资源、保障新发展理念、城乡融合发展和乡村振兴可持续发展等方面有重要意义。四个自然的有机融合和渗透，是人与自然和谐共生的有效承载。

通过"四个自然"可以挖掘公园城市的奥秘。第一自然是公园城市的基底，以自然修复为主。第二自然将自然资源引入人类的生活环境之中，资源管理上将零碎自然资源转化为高效利用的城市资源，城市居民可便捷到达绿地系统，使公园城市自然环境与人居环境实现完美连接。第三自然用公园、绿地溶解城市，为人们提供更舒适、安全、优质的环境空间，让城市更加宜居。第四自然通过科技赋能、服务提升、文化共享，为人们创造更便捷的服务设施、更高端的科技体验，展示社会人文价值，提高人们的生活品质，提升人们的精神境界。四个自然是指导公园城市新开发模式建设的基本理念。

践行新发展理念的公园城市示范区——温江区建设总体规划

以"四个自然"作为其规划理念。通过统筹温江四个自然资源，生态守护第一自然，活化利用第二自然，融合创新第三自然，文创智造第四自然，使四个自然有机融合渗透，实现公园城市中人与自然和谐共生。

温江中可见的第一自然资源有成都第一峰的西岭雪山、城市内看得见的雪山——四姑娘山、设有龙门山国家地质公园的龙门山等，第一自然围绕温江，保障城市与自然共生。规划中对于温江的第一自然资源以生态守护为主，通过控制风廊和水廊，守护上风上水祖脉通廊；通过控制城市天际线，守护西望雪山景观视线通廊；通过营造乡土生境、恢复生物多样性，恢复龙门山生态通廊。

温江处于成都上风上水的优越风水格局位置之中，是都江堰千年的精华灌区；具备理想家园空间意向，拥有林田相连的生态田园形态、林宅相融的生态聚居形态的川西林盘奠定了温江良好的生态基底；郊野公园、湿地公园有效地调节温江区域环境；绿道系统连接各种优越的自然环境与社会环境……作为古蜀文明的发源地，温江风水格局十分优越，其第二自然在维护生态环境的稳定性方面起到重要的作用。规划中通过恢复山、水、田、林、湖、草生命共同体；重塑堰河湖渠景观生态，提升生态、游憩、共享等复合功能；传承创新林盘风貌景观，通过构建美田弥望乡村形态等策略，活化利用第二自然，保护生态本底。

温江的中央公园等城区公园、国色天香主题公园、淼兮酒店与依田桃源等新林盘、编艺中心等第三自然已有一定的建设基础，在公园城市背景下还需要进一步的融合创新。规划中针对主题公园，提出"迭代升级主题公园系统，创人旅城融合发展"；针对城区公园，提出"串联绿道网都市慢游径，建全域公园体系；联通社区碧廊系统，建城市复合功能"；针对花木产业，提出"升级创新花木产业，创三高国家花木品牌"。以景营城，融合生境、画境、意境，融合创新第三自然，实现绿道（碧廊）成网、公园成链，使全域公园网络呈现。

温江的三医产业依托清水河，融合传统医学、现代科技，形成医学引领、集约发展的产业空间；文庙与周边景观形成的温江区文化艺术活动中心，绿树成荫，青砖灰瓦，古色古香；人工化程度高的城市家具小品、行道树、雕塑、公共艺术等展现着城市的活力与魅力……

温江的纯人工文化、艺术、技术综合体以及创新智慧科技和新基建等第四自然资源在智慧城市、新基建、5G技术背景下，还可以进一步加强创新。规划对于第四自然以"文创智造第四自然"为理念，推进新网络、新设施、新终端、新基建全覆盖建设；创新智能智慧新景观，构建新公园消费场景；寻承历史文脉，智创有道、有名文旅品牌，为市民提供共享公共品质服务，为产业构建开放融合体系，将城市创建成为未来示范之都。

在四个自然理论指导下，总体规划提出园溶城理念下的无边界公园城市示范区，以"大园无界"为总体定位，其中大园指全域大公园、全域健康园、全域大游园，无界指城园无界、产城无界、文化无界、梦想无界，目标建成"三个高地"（林盘景园文旅高地、花都生态展示高地、国际健康产业高地）与"五个之城"（三医融合产业之城、便捷高效畅通之城、创新开放进取之城、天蓝地绿亲水之城、文明和谐幸福之城）。在现代生态文明背景下，发挥大园林的先导功能，进一步传承"天人合一"的传统智慧，通过"山水林田湖草"等多要素有机溶解城市，从"城融园"走向"园溶城"，从"绿的全覆盖"走向"景的全覆盖"，而实现"景、城、人"协调共融，"城与园"共生共长的和谐局面。

规划空间结构依托"南城北林"空间格局基础，优化空间规划，构建"1+3+50"的空间体系（图 5-139），形成"1 个大公园——全域大公园""3 个公园——宜游生态田园公园、宜居光华城市公园、宜业健康产业公园""50 个示范片区"的格局。

全域大公园根据"四个自然""公园溶城"规划理念，结合温

图 5-139　温江践行新发展理念
　　　　　的公园城市示范区建
　　　　　设空间结构

江南城北林大美空间格局，打造多种公园类型，构建城乡融合的全域公园体系，实现温江公园城市特色。全域公园体系（图5-140）中包含公园体系和连接系统两方面。连接系统包含绿道系统与碧廊（水网系统）两类第二自然，以及属于第三自然的慢行道系统。公园体系包含第一自然的自然保护地（如四姑娘山）以及国家公园（规划将鲁家滩建设为鲁家滩湿地型国家公园）；第二自然的自然公园、具有温江特色的园艺大会、千园之园与乡村公园，其中包含郊野公园（如友庆郊野公园、花篱郊野公园、南郊郊野公园）、湿地公园（如浅草湿地公园、江安湿地公园）、遗址公园（如鱼凫遗址公园）、花木基地公园（林盘公园、花木博览园）；第三、第四自然的城区公园，其中包含综合公园（如光华公园、江安河公园、杨柳河公园、金马河公园、三医创新中心公园）、社区公园（如药明康德浩旺公园、城南公园成外公园、兴元河滩新春公园）、游园（如口袋公园）、专类公园（如体育公园、儿童公园、创客公园、民俗公园）、主题公园（如国色天香）、大道广场（如文庙广场）和微空间（如街边绿地、路口绿地）。

　　此外，"全域大公园"体系下还包含全域大健康与全域大旅游，

图 5-140　温江全域公园体系

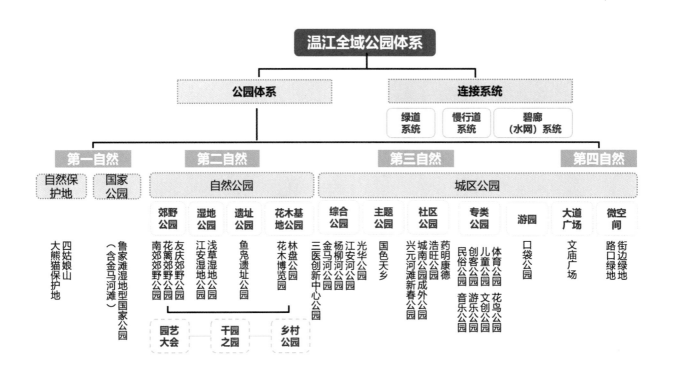

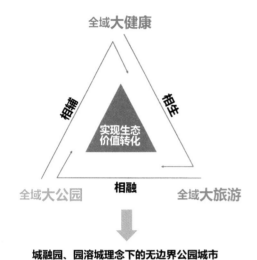

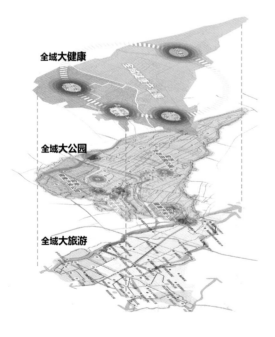

图 5-141　温江生态价值转化示意图

图 5-142　温江全域大公园、全域大健
康、全域大旅游空间结构

以温江区全地域作为载体,依托"南城北林"永续发展格局,围绕"三医两养一高地"发展定位,以"健康+"为发展目标,融合农高园、成都医学城、健康服务业集聚区,打造温江全域健康产业生态圈,将温江建设成为国际健康产业高地;以三大产业、六大组团形成全域大旅游体系。全域大公园、全域大健康、全域大旅游相辅相融相生,实现生态价值转化,从而促成大园无界的城融园、园溶城理念下的无边界公园城市建成(图5-141、图5-142)。

规划在"一个大公园"下设置游生态田园公园、宜居光华城市公园、宜业健康产业公园3个公园。

其中,宜游的生态田园公园在空间布局上形成"一核一环三带"的空间结构,"一核"为以农科城为主体的农高创新核,"一环"为北林65公里绿道生态环,"三带"为以天乡路为轴的花卉农旅示范带、以江安河为轴的园林康养融合示范带、以成青快速通道为轴的花木展贸融合示范带。在营建策略上,用活国家城乡融合发展试验区政策,建立"以农高创新引领、促进乡村振兴为导向"的生态价值转化机制;推广"前店后厂"模式,推动"园子变景点、园林变景区"。

宜业的健康产业公园在空间布局上立足成都医学城A、B区空间载体,建立以推动"产城融合、促进职住平衡"为导向的生态价值转换机制。在营建策略上重点建立"以推动产城融合、促进职住平衡为导向"的生态价值转化机制,大力推广"片区开发+滚动发展"开发模式,创新运用新型产业用地M0、升级改造存量工业用地(房)等新型供地方式,强化"地下互通、空中连廊、屋顶绿化、森林墙面"等设计理念。

宜居的光华城市公园在空间布局上立足温江新老城区空间载体,以江安河城区段生态带和光华大道城市发展轴为重点,持续推动小区变花园、街区变客厅、绿地变庭院、水网变水景,塑造开门见景、滨水亲绿的宜居公园城市形态。在营建策略上重点建立"以提升城市宜居品质和土地开发价值为导向"的生态价值转化机制以及"两拆一增+有机更新"等模式。

"50个示范片区"的规划中,规划建成以山水生态公园场景

为核心的示范区、以天府绿道公园场景为核心的示范区、以乡村
郊野公园场景为核心的示范区、以城市街区公园场景为核心的示
范区、以人文成都公园场景为核心的示范区、以产业社区公园场
景为核心的示范区，共 6 大类公园城市场景，形成 50 个示范片区。

规划中整合全域的自然资源、产业资源、文化资源、服务资源，
针对区域的第一自然、第二自然构建了生态保护与修复体系，针
对第三自然与第四自然构建了全域公园体系、公园社区体系、生
态产业体系。

生态保护与修复体系：规划主要从生态廊道构筑、空间格局构
建、生态环境优化、生态本底保护以及生态修复保护等方面构建
生态保护与修复体系。

生态廊道构筑中，利用上风上水的优越风水格局，引风贯城，
构建区级风廊系统，打造通风廊道；引水润城，解决水环境治理
问题，实现"水美"目标；引山入城，打造"西望雪山"的多条
观山视域廊道。

空间格局构建中，通过植被指数、生境、河流、洪涝点等四
项生态要素叠加，识别出温江区内生态敏感区域，构建国土生态
空间。低敏感区域作为开发建设用地，高敏感区及较高敏感区，
原则上作为生态保护，敏感区及较低敏感区以生态修复为主。

生态环境优化上，从治水、整田、兴林、营境四方面，构筑
水生态、水文化、水安全的空间格局，梳理"林郁水清湖美田沃"
的生态蓝绿基底，严控发展红线，注重生态提升（图 5-143）。治
水上，修复精华灌区的千年肌理，构建水廊道系统，连通南北，
串联成网，展现"水绕林依"的生态基底；整田上，实施农田集
约化、景观化改造，提升农田的经济价值、生态价值和景观价值；
兴林上，保护现状林盘，通过增加新林盘将原来零散林盘连成片，
提高其生态效益和景观价值；营境上，结合城市绿地，引水入城，
为动物营造自然生境，提高城市雨洪调蓄能力。

生态本底保护上，依托区域"南城北林"空间格局和"林田水园"
生态基底，传承川西林盘特色和农耕文明，营造"林荫密布，满
眼皆绿，四季皆景"的场景意境，打造"山水田林草"生命共同体。

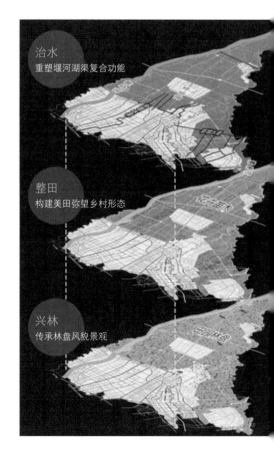

图 5-143　生态环境优化格局

生态修复保护上，对于核心水体保护廊道，构建以四条大河为主、串联沿线支渠坑塘，形成点线面相结合的生态网络系统，确保水生生态系统持续健康发展；对于核心绿地生态保护廊道，构建以道路网为主的绿色廊道，建立绿地间的沟通廊道，丰富城市物种多样性，确保生态安全格局；对于核心生态保护点位，坚持生态保护为基本准则，严格推进生态环境监测与管控工作，探索生态农业、生态旅游、生态恢复、农工商一体等不同的生态经济模式；对于核心生态修复点位，以生物修复为基础，结合物理修复以及工程技术措施，通过优化组合，修复与维护受损的生态系统；对于川西林盘的利用，根据新田园理念，营造不同尺度的大、中、小林盘环境，建立农高研发林盘、生态文创旅游林盘、保护性林盘，展现"推窗见林，开门见景"的林盘场景，促进林盘、人居、生态的有机融合。

全域公园体系：规划主要从融绿、营园、联网、交融等方面研究全域公园体系的构建。

在融绿方面，分区域实施不同的策略，使园溶于城。其中，光华新城以江安河滨河绿带、光华大道沿路绿带、温泉大道沿路绿带为轴，串联主要绿地。老城以江安河、杨柳河、战备渠沿线绿化改造提升为重点，重构老城绿化环境。大学城推动大学校园绿化共享，结合社区公园与游园设施，构建点面结合的公园体系。医学城 A 区以金马河沿线及高铁沿线两条区域生态绿带，构建公园式产业社区大环境。医学城区以环城生态带构筑区域生态绿化基底，依托现状水网构筑产业活力绿廊，以综合公园为核心，构建一带一心五廊的绿地系统。

在营园方面，针对块状综合公园、专类公园进行主题花卉设计，通过大面积花卉聚集的形式形成大地景观，进行打卡点精致打造，成为城市色彩记忆。其中，生活区沿路绿带暖色调，以开花灌木为色彩主要载体；产业区以大片宿根花卉、芦苇为色彩主要载体；生态区配植形式尊重自然，营造色彩丰富的景观。

在联网方面，架设碧道体系，构建绿道体系，构筑公园城市网络基底。对河渠进行生态肌理修复，联通水系，连塘成湖，增加水体面积，完善千渠润林的生态基地特征；对河渠分段进行主题设计，贯通沿河绿道，筑坝蓄水，整治裸露河床，结合碧道性质及周边自然特性进行景观提升；完善绿道体系，构建南城绿道（都市漫游网）、北林绿道（田园静享网）、天府绿道（乐活天府网）"三网融合"的绿道网络体系（图 5-144 ~ 图 5-146）。

在交融方面，通过对不同区域特征的提炼，对温江区结构顶道路进行区域分段处理，形成活力城区段、健康产业段、休闲田园段、生态郊野段，凸显城市不同区域的多样风情，营造城市门户景观通道。此外，通过"两环相连、三网融合"的公园绿道网络体系串联公园，完善节点功能，整治林盘，强化节点地段与北林绿道系统联系，使全类型公园接入绿道的连通率 100%。

公园社区体系：树立温江鱼凫文化、光祈音乐文化、川派园林文化、健康文化四大文化品牌（图 5-147），体现学到温江、健康到温江、舒适到温江的三到温江品牌，加快建设宜居生活典范区。

图 5-144　温江绿道体系图

图 5-145　绿道驿站效果图

图 5-146　绿道运动休闲空间效
　　　　　果图

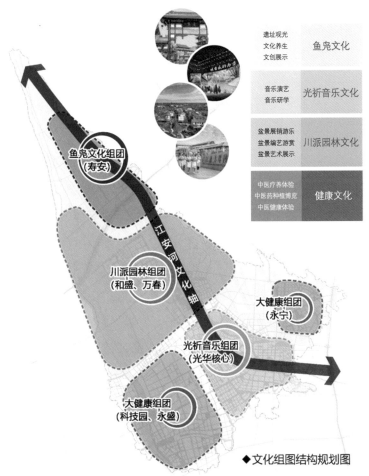

图 5-147　文化组图结构规划图

在守护方面，结合绿道及城市公园的核心节点，打造构筑物、雕塑等城市文化标识符号。此外根据总体规划，划定4个特色镇。4个特色镇为农高、两养、文旅产业链深度融合的空间承载，同时为农高园提供较为全面的公共服务设施和基础设施配套。

在优化方面，在竞争日趋激烈的区域形势和资源环境紧约束的背景下，区域调整后的温江区，其未来空间发展模式将由增量为主转变为存量优化。城市更新将成为温江区城市转型的重要途径，成为城市空间优化提升的主要手段。老城更新按照市、区关于城市更新工作部署，综合运用"综合整治、功能改变、拆除重建"等方式，初步形成"1+17+36+N"的城市有机更新实施计划（1个城市更新目标、17个城市更新片区、36个城市更新单元、N个城市更新项目）。

生态产业体系：全域布局通过资源聚合，强化"三个公园"空间载体的融合，形成以健康服务为支撑，"三医+三农+文旅"共生的全域产业格局（图5-148）。

发展策略上，突出发展生物医药、价值医疗、生物技术，升级发展"三医+智能科技"产业，以"三医"产业为核心功能，融合现代农业、健康服务、生态工业，建构契合公园城市要求的产业体系与发展门类。其中，老城区改造方面，根据旧城区的特点，结合旧城改造更新梳理旧城可开发和更新的空间，优化旧城规划布局，围绕建设"健康服务业消费目的地"发展目标，疏解老城城市功能。引导办公楼宇、底商等载体实施腾笼换业，将建材、装饰材料等业态疏解到老城区外围，吸引健康服务业入驻，围绕文庙建成特色商街，促进老城区城市功能转型升级。光华城区则聚焦于智慧、健康等要素，实现产业升级。在已建成区域，进一步完善高端生活配套设施，吸引人才集聚；承接智创健康产业，引导健康服务业与社区集约化布局，形成健康社区综合体。统筹建设智能化基础设施，营造智能化生活环境，通过以大数据应用为核心的智慧城市运营，构建智慧型产业街区。

生态产业空间营造上，划定以产业社区公园场景为核心的示范区，根据旧城区的特点，结合旧城改造更新梳理旧城可开发和更新的空间，优化旧城规划布局，围绕建设"健康服务业消费目的地"

发展目标，疏解老城城市功能。同时，打造高品质科创空间、高品质产业空间、高品质生活空间，以"三大空间"为承载，加快建设创新引领示范区。

规划在50个示范片区中选取7个点，进行公园城市场景建设：

（1）以鲁家滩为代表连接都江堰的湿地型国家公园：鲁家滩是温江重要的生态景观节点，总体目标近期打造集生态保护、林盘体验、养生度假、科普教育、农业观光于一体的国家级湿地公园示范区、世界知名生态科研科普基地，恢复连接都江堰、鲁家滩及金马河湿地生态系统，建立鲁家滩湿地生态研习与生态科研科普中心；远期联合"都江堰+金马河+金马河滨水公园+鲁家滩湿地公园"恢复建设湿地型国家公园。空间结构上，根据场地现有资源与形态，优化功能分区，形成"两带四区十景"。"两带"指北林绿道带—五道合一带、金马河堤带—柳堤草坡河滩带；"四区"指湿地保育区（核心保护区）、服务管理区、湿地生态功能展示区、湿地体验区；"十景"指追忆码头、水

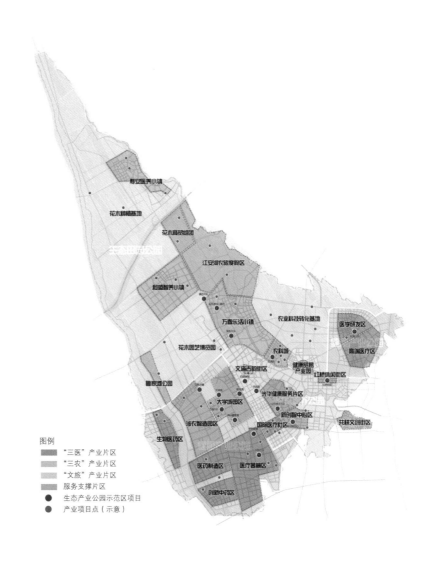

图 5-148　全域产业布局规划图

上花园、生态船坞、跌水寻花、白露相映、苇塘垂钓、川西林盘、怡情林海、渔舟唱晚、花意水疗中心（图 5-149）。

（2）以锦城公园为代表的城市绿心"公园+"优质生活地带：成都锦城公园是天府绿道体系"三环"中的重要一环，将建设"5421"体系，即 500km 绿道，4 级配套服务体系，20km² 多样水体，100km² 生态农业区。总体定位将锦城公园打造为温江区"城市绿心"，营造都市农业新示范区。空间结构上，形成了"一核心、三绿带、五功能区"的总体空间布局模式，"一心"指以锦城公园为核心，"三绿带"指滨水河绿带、医康养生态区绿带、金沙湖绿带，"五功能区"指养生休闲片区、医康养生态区、健康社区、农业旅游观光区、高新科技产业区。生态系统上，形成基于场地生态规划限制的低影响开发策略、基于现存多段滨水绿廊的绿廊织网策略、基于特色林盘农田风貌的都市农业策略。产业系统上，创新旅游观光与生态农业融合策略，促进医养结合相关产业发展策略，利用高新科技农业增加经济创收策略。生活系统上，统筹人、田、宅、林、水，形成稻田—林，林—宅院的结构，结合林盘文化，为居民、游人、医护、蓝领与学生服务（图 5-150）。

（3）以天星村为代表的北林花木基地发展成国家级"千园之园"生态高地：规划涵盖团结桥社区、复兴社区、天源村和天星村四个村，现状四村编艺产业处于基础阶段，自身有特色，但产业发展特色不突出，不能带来较大的经济价值。总体目标将编艺中心花木产业综合体打造为世界级花木编艺公园综合体的千园之园。功能结构上，打造"一轴一廊两环八径多节点"的全域公园游览体系，把村落风貌从生产为主转换为游览与生产兼顾，相互促进，以游促产，以产兴游。"一轴"指府通大道未来拓宽为天温都快速路，依托其道路两侧生态控制带，形成区域景观展示轴线。"一廊"指北林绿道与金马河之间利用两百米生态控制带，设置编艺湿地廊。"两环"指外环串联三村全域、内环串联编艺核心区、两环周边 50m 范围内设置编艺展示区。"八径"串联两环一廊，形成完整的游园体系，利用编艺主题打造不同特色径，形成编艺八径，两侧 30m 范围内设置编艺展示区。"多节点"利用现状编艺公园核心区与现状砂场坑塘，构建不同类型开放景观空间，结合编艺主题，打造不同的主题景观空间，与艺术家工作坊、赵家渡老街等联合形成全域景观节点，最终形成独具编艺景观特色的全域景观游览体系（图 5-151）。

（4）以光华公园为代表的城市中央公园—多彩城市阳台生活空间：规划范围总用地规模约 2.2km²，具备城市中央公园、政务服务中心、商业商务和居住功能，创新人才增长潜力巨大。光华片区高品质生活空间总体定位为"西成都消费中心、温江公园城市示范区、国际蜂客社区"。场景设计策略上，重点围绕五大设计策略，按"公园 +"的布局模式，植入新功能、新业态，凸显温江区文化主题，构建绿色出行体系，激活商圈活力，发展夜间经济，建设可阅读、可感知、可欣赏、可参与、可消费的美丽宜居、以城市街区公园场景为主的公园城市示范区（图 5-152）。

（5）以江安河为代表的城市公园碧廊空间：江安河城镇区沿岸主要以居住用地、商业用地及公园绿地为主。此外还分布了公用设施用地和少量的工业用地等。规划将整个江安河两侧绿地地块、区域内支流、周边重要居住及商业用地及重要的交通廊道等区域纳入，形成本项目研究范围。总体定位上，打造温江区"城市碧廊"，营造生态绿色核心空间。空间结构上，水城交融，形成"一廊、三心、五区"的总体空间布局模式。生态系统上优化蓝绿小生态，增加类湿地景观与海绵城市建设内容，提高小环境生态效益；统筹滨水长景观，协同"一河四岸"，创造连续景观体验。产业系统上活化区块新业态，植入特色活动，促进休闲音乐业态的发展，为周边区域带来新的发展契机。生活系统上，连通水岸大社区，打开边界、突破壁垒、增设出入口，提升可达性（图 5-153）。

图 5-149　以鲁家滩为代表、连接都江堰的湿地型国家公园鸟瞰图

图 5-150　以锦城公园为代表的城市绿心"公园+"优质生活地带效果图

图 5-151　以天星村为代表的北林花木基地发展成国家级"千园之园"生态高地效果图

图 5-152　以光华公园为代表的城市中央公园多彩城市阳台生活空间鸟瞰图

（6）以永宁片区为代表的景观都市主义高品质科创空间：成都市温江区永宁镇位于温江区东北部，辖区面积 23.5km²，辖 6 个社区，105 个居民小组。研究片区用地多为商业用地、科研用地及医疗用地。绿地以斑块状、廊道状及带状等形态穿插其间。结构上，形成"一心五区"的功能结构分区以及"一心一轴多廊多组团"的总体空间布局模式。设计中采取滨水空间提升、塑造园区核心；链接城市绿道系统，打造生态智慧园区；景观系统主导城市设计、全力推动全域大公园塑造；强化产业功能混合、完善相关产业融入四大建设策略，打造生态健康产业融合高地示范区（图 5-154）。

（7）以杨柳河药明康德周边区域为代表的高品质产业空

图 5-153 以江安河为代表的城市公园碧廊空间效果图

间：场地位于温江医学城 A 区与大学城片区的交界位置，区位条件多元复合。研究范围包括药明康德局部与浩旺科创 CBD 片区。用地性质包含：工业用地、居住用地、商业用地以及行政办公用地等。结构上，形成"一河一廊一公园"的景观结构以及"两轴一带三组团"的规划空间结构。设计以"依托杨柳自然景观资源，打造全天候半开放的先进智造产业园区；打造具有完善复合功能的街区慢行系统；构建绿色能源系统，完善污水处理设施；打造功能复合开放共享的现代智造园区"，利用四大建设策略打造现代绿色智造园示范区（图 5-155）。

成都温江公园城市示范区在绿道升级的基础上率先建设，在"四个自然"理念指导下，统筹全域自然资源，对于第一自然采取生态保护措施，对第二到第四自然需采取保护加创新利用的措施，从"城融园"走向"园溶城"，推动南城北林生态本底空间、生态产业空间、生活体验空间、公园体系空间、服务支撑空间的融合建设。温江四个自然建设融合成的全域公园体系，为人们提供一个更加宜居的理想生活环境，实现自然、生态、社会、经济效益可持续发展的最大化，为公众谋求更大的公共利益，形成从绿道到公园城市的持续跨越式发展。

部分资料来源于笔者主持，锁秀、伊娃·卡斯特罗、夏媛、李颖怡、卢晓、王川、谢晓蓉、李冲、马晓玫、黄晨、罗茹霞等规划师、景园师的规划项目，以及深圳媚道风景园林与城市规划设计院有限公司、英国 PMA 普玛设计事务所、深圳市建筑设计研究总院有限公司何昉风景

图 15-154　以永宁片区为代表的景观都市主义高品质科创空间鸟瞰图

园林规划设计研究所（以下简称 "SZAD 研究所"）编制的《践行新发展理念的公园城市示范区——温江区建设总体规划》和 SZAD 研究所编制的《温江区新建绿道和慢行系统（都市漫游网特色线）规划》，有关内容得到了成都市公园城市建设管理局、温江区委、区政府和成都市公园城市建设发展研究院的大力支持和帮助，在此一并致谢。

图 5-155　以杨柳河药明康德周边区域为代表的高品质产业空间效果图

尾声

上古传说中的女娲造人，反映了华夏文明形成初期人对水土和自然资源的依赖，也表明了水土在人居环境中的重要性，这是最初的朴素自然观；九千年前的伏羲创龙、昆仑悬圃，形象生动地描述了上古神话传说中最高天帝—下都的花园和居所，这可以说是最早的理想人居实践；1600年前的魏晋桃花源描绘了一幅和谐、优美的田园生活图景，是历代文人对自然圣地的构想，也是宁静、和谐的传统文人社会典范。

庄子说："有人，天也；有天，亦天也。"中国绿道规划思想追溯到公元前1 000多年的周代。西周修建了最早的大道"周道"，并在系统路网和绿化养护方面始开先河。随着中国历史上生产力的发展、对文化交流和生活条件的需求增大，很多充满线形规划哲学和体现人与自然和谐的中国"绿道"雏形陆续出现。如翠云廊、南天门秦汉古道、茶马古道、明清的"官道"等，这些古道既遵循了风水气脉的走向，又方便大众出行，联络各地风情和经济文化，同时对属地政权维护和管理大有裨益。

中国历史上存在的，甚至有很多保留至今的这些古道通廊，在其形成、发展的过程中，附着了中华文明生态哲学和艺术价值观发展的时代烙印，以及社会生产和人民生活水平、方式的发展脉络。唯有崇尚自然的生态哲学、山水诗画的朴素审美、建筑艺术的结合，才能促成中国国土空间多姿多彩的特色绿道。无文化传承，无绿道未来。坚持保护和弘扬中华优秀传统文化，延续历史文脉，是城市建设和区域发展的主流思想，绿道规划设计和发展亦如是。不同民族和不同文化均有自己理想环境模式。历史上有许多外国人来到中国，如郎世宁、奥姆斯特德、威尔逊（E. H. Wilson）等。威尔逊更是前后5次，历时12年，足迹遍及中国湖北、长江三峡、四川盆地、云南、西藏、广东等地，写下多本著作。《中国:园林之母》（China, Mother of Gardens），在全世界产生很大影响。这些外国人在传播西方文化的同时，深受中国文化的熏陶和影响。中西文化的融合和贯通，无疑古道绿道是这一实现的载体和纽带。

　　绿道网将城市内部的公共空间与外部的水体、风景名胜、森林公园、遗产地等区域有机地串联起来，形成一面自然之网，这个网络内的各个生物的栖息地得以保留，人和动物的生存各得其所，互不干扰，保护了生物多样性与自然；在基本的物质生活中，带动绿道沿线经济发展，实现区域内经济差距减少；在人的活动空间内，降低城市热岛效应，改变人的出行方式、行为模式、消费理念、城市形态、城乡结构，使人们的游憩、沟通、休闲生活更丰富和健康，幸福感增强，最终实现低碳和理想宜居的生活；在其他方面，还可以增强多方面的人文和自然教育等。从老子的自然之道，到连贯自然山川和都市乡村的绿道，无不在论证绿道在充当山、水、人之间联系角色的重要。绿道使中国古代和谐的山、水、人构架在今天都市林立中成为现实。它重塑了山、水、人与都市之间的和谐关系，缓解和改善了自然与人文、历史与现代、物质与精神的冲突。

　　从上古时期的美好蓝图到永续发展的古道思想，从老子的自然之道，到连贯自然山川和都市乡村的绿道，绿道使中国古代和谐的山、水、人构架在今天成为现实。中国绿道重塑了山、水、人与都市之间的关系。

　　绿道是一个不断发展的概念，其以生态功能为核心的多目标相容性在世界范围内日益成为共识。绿道作为一种新型"人—地"关系的润滑剂，改变了城乡居民的生活理念，构建"可观、可行、可游、可居、可饮、可吃"的新生活方式，助力建设绿色、健康、可持续的理想城市模式。

　　绿道的意义在于探索通往理想生活的路径，是对未来理想宜居的启发与先行，不同民族和不同文化均有自己理想环境模式，因此，在对国外已有绿道规划设计相关研究结论与实践成果经验汲取精华、去其糟粕时，要坚持中国传统的绿道规划设计思想，做中国特色绿道，这样才能避免走弯路、走错路，进而在深层次地挖掘中国传统和研究人与自然关系的规划设计规律，使中国传统的自然和谐关系得以在中华大地重现。

附录　笔者绿道学术研究与规划设计实践

一、主持参与的绿道规划设计项目

1. 珠三角区域绿道网总体规划纲要（与其他单位合作）

项目获奖：中国人居环境范例奖、全国优秀城乡规划设计奖一等奖、华夏建设科学技术奖三等奖、广东省优秀城乡规划设计一等奖、联合国人居署"2012年迪拜国际改善居住环境最佳范例奖"全球百佳范例称号

2. 广东省绿道网建设总体规划（与其他单位合作）

项目获奖：中国人居环境范例奖、中国风景园林学会优秀风景园林规划设计奖一等奖

3. 珠三角区域绿道（省立）规划设计技术指引（实行）

项目获奖：广东省优秀城乡规划设计二等奖

4. 广东省城市绿道规划设计指引

项目获奖：深圳市优秀城乡规划设计奖三等奖

5. 珠三角绿道（深圳段）规划设计

项目获奖：全国优秀工程勘察设计行业奖二等奖、"两岸四地"建筑设计大奖卓越奖、中国风景园林学会优秀风景园林规划设计奖一等奖、全国人居经典建筑规划设计方案竞赛规划＆环境双金奖、广东省优秀工程勘察设计奖二等奖、深圳市优秀工程勘察设计二等奖、首届深圳建筑创作奖铜奖

6. 珠三角区域绿道3号线东莞示范段

7. 深圳市盐田区社区绿道规划设计

项目获奖：深圳市优秀城乡规划设计奖三等奖

8. 深圳市大鹏新区多功能绿道规划设计

项目获奖：深圳市优秀工程勘察设计三等奖

9. 深圳市福田区环城绿道设计

10. 深圳盐田海滨栈道绿道

11. 深圳坪山新区聚龙山绿道

12. 深圳市罗湖绿道5号线提升及延长线建设工程

项目获奖：全国优秀工程勘察设计行业奖三等奖、广东省优秀工程勘察设计奖二等奖、深圳市优秀工程勘察设计一等奖

13. 环首都绿色经济圈绿道网总体规划（与其他单位合作）

14. 南宁市中心城区绿道网总体规划（与其他单位合作）

15. 福建石狮市绿道系统规划

16. 武汉东湖绿道（郊野段）规划设计

项目获奖：联合国人居署中国改善城市公共空间示范项目、全国优秀城市规划设计二等奖

二、组织和参与重要国内外绿道学术活动

1.《珠三角绿地一体化下的深圳园林建设》，中国风景园林学会2009年会，中国风景园林学会，2009-09-12

2.《探索中国绿道的规划建设途径——以珠

三角区域绿道规划为例》，珠三角绿道网规划建设专题讲座，广东省住房和城乡建设厅，2010-03-18

3.《珠三角绿道网规划建设提升发展的思考》，广东园林学会科技论坛活动，广东园林学会，2011-01-07

4.《珠三角区域绿道规划设计技术指引介绍》，第四期粤澳城市规划研习班，广东省住房和城乡建设厅、澳门运输工务司、广东省城市规划协会，2011-05-22

5.《宜居城市与深圳绿道网建设》，2011年光明论坛，住建部与深圳市政府，2011-11-25

6.“绿道综合功能开发”广东绿道讲坛（第一期），执行承办单位负责人，2012-04-27

7.《广东绿道实践》，北京林业大学园林学院研究生授课，北京林业大学，2013-01-04

8.《建设美丽广东，走向生态文明——从广东绿道到中国最美绿道》，第四届法布斯（Fábos）绿道规划及风景园林国际研讨会，2013-04-07

9.《从绿道到绿色基础设施》，第四届园冶高峰论坛之园林城市与人居环境高峰论坛，2014-01-10

10.《无边界景观——粤港绿道、绿色基础设施及国家公园系列探索》，香港园境师学会25周年行业会议，香港园境师学会，2014-07-25

11.“从绿道网迈向省域公园体系”广东绿道讲坛（第二期），执行协办单位负责人，2015-04-16—2015-04-17

12.《广东绿道升级及新型城镇公园体系构建》，公园城市建设与发展学术报告会，江门市林业和园林局、江门市园林学会，2015-07-07

13.《绿道升级及省级公园体系构建的思考》，

2015年中国风景园林教育大会，中国风景园林学会教育工作委员会、全国高等学校风景园林学科专业指导委员会、全国风景园林专业学位教育指导委员会，2015-09-18

14.中国风景园林学会2016年会绿色基础设施分会场，负责人及主持人，2016-09-23

15.《风景园林规划设计的跨界使命和战略——谈粤港澳生态大湾区的景园构建》，“一带一路”城市设计高峰论坛，2017-09-21

16.《中国古道规划建设思想和成就》，“南粤沙龙+驿道讲坛”学术研讨会，2018-10-08

17.《绿色发展 公园城市——回归自然的人居时代》，中国勘察设计协会园林和景观设计分会2018年会员大会暨“绿色发展·公园城市”主题研讨会，2018-10-15

18.中国风景园林学会2018年会绿色基础设施分会场，2018-10-21

19.《从古道到绿道到公园城市——回归山水相依大湾区》，广东园林学会2018年年会，2018-11-09

20.粤港澳大湾区风景园林规划设计研讨会暨驿道讲坛（第二期），2019-01-07

三、绿道相关学术研究成果

1.何昉，锁秀，高阳，黄志楠.探索中国绿道的规划建设途径——以珠三角区域绿道规划为例[J].风景园林，2010（2）：70-73.

2.何昉，康汉起，许新立，李颖怡.珠三角绿道景观与物种多样性规划初探——以广州和深圳绿道为例[J].风景园林，2010（2）：74-80.

3. 锁秀，何昉，高阳，夏兵. 绿道——低碳生态城市建设的领跑者 [M]// 秦皇岛市人民政府，中国城市科学研究会，河北省住房和城乡建设厅 .2010 城市发展与规划国际大会论文集，2010.

4. 锁秀，高阳，王煦侨，何昉. 绿道——珠三角宜居城乡规划建设的生态途径 [J]. 南方建筑，2010（4）：41-43.

5. 李勇，何伟，何昉. 低碳景观照明技术在珠三角绿道中的应用 [J]. 低碳照明，2011（1）.

6. 何昉，高阳，锁秀，叶枫. 珠三角三级绿道网络规划构建实践 [J]. 风景园林，2011（1）：66-71.

7. 蔡瀛，何昉，李颖怡，康凯珊. 融入城乡的绿道网选线思路与规划方法 [J]. 规划师，2011，27（9）：32-38.

8. 何昉. 传承"山水城市"理念的珠三角绿道实践——纪念钱学森诞辰 100 周年 [J]. 广东园林，2011，33（6）：11-12.

9. 何昉. 绿道网为幸福城乡提供全方位的关爱 [J]. 风景园林，2012（3）：169.

10. 夏兵，何昉，锁秀，等. 广东绿道多功能开发探索 [J]. 风景园林，2012（3）：87-90.

11. 王招林，何昉. 试论与城市互动的城市绿道规划 [J]. 城市规划，2012（10）：34-39.

12. 锁秀，何昉. 道者，自然之理——浅析珠三角绿道网规划建设的价值 [J]. 广东园林，2012，34（3）：20-23.

13. 何昉，锁秀，李辉. 具有中国特色的广东绿道规划设计（The Chinese Characteristics in the Planning and Design of Guangdong Greenway）[C]//2013 法布斯景观及绿道规划大会论文集（2013 Proceedings of Fabos Conference on Landscape and Greenway Planning）.2013.

14. 格杜•阿基诺，洪盈玉，何昉，锁秀. 绿色基础设施的未来新格局 一次中美规划设计师之间的对话 [J]. 风景园林，2013（2）：18-21.

15. 何昉，李辉，锁秀. 广东绿道的特色规划设计实践——谈深圳大鹏绿道规划设计的审美量化 [J]. 风景园林，2013（6）：103-105.

四、绿道相关项目考察

2009 ~ 2018 年，先后考察过广州、深圳、东莞、增城、顺德、江门、香港、澳门、台湾等国内城市绿道以及美国、加拿大多个城市绿道项目。

后记

作为珠三角和广东绿道最初的技术主张者和全过程策划规划设计实践的参与者，我一路走过的实践与理论研究逐渐形成了一些研究成果，我与之前的北林苑团队和现在的媚道设计团队共同实践提炼成有关理念理论，拙匠潜行，步履不停，终成书稿。

首先，感谢导师孟兆祯院士，自我大学时代至今，先生的指导和教诲贯穿我的学习和工作；尤其是在撰写博士论文期间，先生更是多次与我促膝长谈，推荐古典文集、找寻研究的突破点，更亲自与我同去美国等地考察绿道。先生独到丰实的人格魅力，鼓舞着我在学术研究和实践探索中知难而进。同时，感谢北京林业大学园林学院的老师们，尤其是杨赉丽先生，其在珠三角绿道建设早期和全国绿道全面实践时期一直引导我探索中国特色。还有王向荣院长，其严谨的治学态度、开阔的研究思维给予了我启发和思考，贾建中老师、刘晓明老师、孟凡老师、薛晓飞老师、曾洪立老师等给予了诸多帮助。

其次，我非常诚挚的感谢2009年在时任广东省委书记汪洋同志率领下的广东绿道策划规划专家组团队，我与多位来自行业一线的专家学者如马向明等从城乡规划、风景园林、生态、乡土地理、区域发展等不同视野共同探讨中国绿道革命的可能并促进绿道在中国的首次规模化实践。感谢广东省住建厅主管领导，特别是蔡瀛同志积极支持我和团队参加珠三角广东绿道规划设计全面的实践工作。

之前我率领的北林苑团队最早参与绿道研究规划设计工作，并率先成立了绿道研究所。从初期的徐艳、夏媛、锁秀、杨春梅、夏兵、谢晓蓉、王永喜、叶永辉、李辉、高阳、章锡龙、王煦侨等，到中期的叶枫、池慧敏、李颖怡、庄荣、肖洁舒、黄志楠、康凯珊、蒋华平、王招林、宁旨文、李远、严廷平、张明、胡金豆等，到后期的魏伟、洪琳燕、林玉明、周西显、金锦大、方拥生、李勇、杨政华、周亿勋、王涛、高岩、周忆、陈新香等，以及参加绿道项目管理人员林嵘、杨如轩、李燕娜、赵伟康、谢玲、汪智宏、王守先等，多达一百多位各专业人员，他们都付出了智慧和汗水。

最后，感谢十余年的绿道研究和实践过程中，来自广大同行和学者的支持和帮助；感谢与我继续并肩作战的各绿道规划设计及研究项目组的同事们，包括帮助整理本书有关资料的媚道设计锁秀、宋政贤、郑雅婧、尚旭海等优秀青年规划设计师，付出很多辛劳，李燕娜、罗茹霞等也协助过多项工作；感谢今天依然与我奔波在绿道、绿色基础设施和公园城市研究实践一线的规划设计师们及密切合作的兄弟单位！大家的不懈努力和共同激励，使我的绿道研究和实践不断闪耀新的思想。还有不能忘的是中国建筑出版传媒有限公司沈元勤社长在任前后自始至终的热情支持帮助，克服了众多出版本书的新旧困难，杜洁主任在繁忙工作中坚持给本书的内容出谋划策，花费了她很多业余时间，付娇、兰丽婷等也给予了许多帮助，在此谨向帮助我的众多老师、领导、同事、朋友致以诚挚的感谢。

另外还感谢陈卫国、罗小勇、来亚锋、许初元、蒋华平、陈永清、蔡锦淮、王永喜、刘必健、广东省住建厅、深圳市城管局、北林苑、媚道设计等人员和单位提供的照片，因文章篇幅有限，未能一一列出注明。

何昉

2019 年中秋时节

参考文献

[1] 谢浩范,朱迎平译注.管子全译（上）[M].贵阳：贵州人民出版社，1996.

[2] 司马迁.新白话史记[M].北京：中华书局，2009.

[3] 中共广东省委办公厅广东省人民政府办公厅关于建设宜居城乡的实施意见[J].建筑监督检测与造价，2009（8）：7-9.

[4] 广东省住房和城乡建设厅.珠江三角洲绿道网总体规划纲要[R].广东省城乡规划设计研究院，广东省城市发展研究中心，广州市城市规划勘测设计研究院，深圳市北林苑景观及建筑规划设计院有限公司，2010.

[5] 锁秀，高阳，王煦侨，何昉.绿道——珠三角宜居城乡规划建设的生态途径[J].南方建筑，2010（4）：41-43.

[6] 何昉.北林苑规划设计作品[M].北京：中国建筑工业出版社，2010.

[7] 广东省住房和城乡建设厅.广东省绿道网建设总体规划[R].深圳北林苑景观及建筑规划设计院有限公司，广东省城乡规划设计研究院，广州地理研究所，2011.

[8] 马向明.广东省绿道实践的回顾与展望[J].城市交通，2019（3）：1-7.

[9] 何昉，锁秀，高阳，黄志楠.探索中国绿道的规划建设途径以珠三角区域绿道规划为例[J].风景园林，2010（2）：70-73.

[10] 广东省住房和城乡建设厅，广东省体育局，广东省旅游局，广东省南粤古驿道线路保护与利用总体规划[R].2017.

[11] 深圳市北林苑景观及建筑规划设计院有限公司.珠三角水岸公园体系规划研究[R].广东省住房和城乡建设厅，2016.

[12] 广东省河长制办公室.广东万里碧道建设总体规划纲要（征求意见稿）[R].广东省河长制办公室，2019.

[13] 胡雪琴，孙维晨.住建部副部长仇保兴：绿道网让PM2.5降下来[J].建筑监督检测与造价，2012（3）：38-39.

[14] 艾智科，黄发林.现代田园城市：统筹城乡发展的一种新模式——以成都为例[J].城市发展研究，2010（3）：137-139.

[15] 陈可石，周彦吕.城乡统筹背景下我国绿道规划实践综述[J].现代城市研究，2015（5）：51-57.

[16] The Route of Saint Olav Ways[EB/OL]. https://www.coe.int/en/web/cultural-routes/the-route-of-saint-olav-ways.

[17] 戚芳妮.世界各国绿道集锦[EB/OL].中国风景园林网，2012-06-08. http://www.chla.com.cn/htm/2012/0608/ 127717_3.html

[18] 韩城市旅游发展委员会.后工业文明奇迹之花：德国鲁尔区工业旅游的创新探索[EB/OL].2018-12-30 https://baijiahao.baidu.com/s?id=1621277371336018901&wfr=spider&for=pc.

[19] 雷姆·库哈斯.癫狂的纽约[M].北京：生活·读书·新知三联书店，2015.

[20] 翟俊.都市景观 从生态设计到设计生态[EB/

OL]. 中国风景园林网，2013-03-04. http：//www. chla.com.cn/show.php.

[21] 台湾绿道规划经验分享 [EB/OL]. 中国风景园林网.2016-07-27. http://www.chla.com.cn/htm/2016/0727/ 252257. html.

[22] 吴良镛. 中国人居史 [M]. 北京：中国建筑工业出版社，2014.

[23] 金景芳，吕绍纲. 周易全解（修订本）[M]. 上海：上海古籍出版社，2005.

[24] 郑板桥. 郑板桥家书 [M]. 北京：中国书籍出版社，2004.

[25] 先秦诸子. 尚书现代版 [M]. 上海：上海古籍出版社，2003.

[26] 傅斯年. 诗经讲义稿 [M]. 上海：上海古籍出版社，2012.

[27] 王弼楼注. 老子道德经注 [M]. 北京：中华书局，2011.

[28] 刘绍瑾. 庄子与中国美学 [M]. 长沙：岳麓书社，2007.

[29] 杨国荣. 孟子的哲学思想 [M]. 上海：华东师范大学出版社，2009.

[30] 荀子. 荀子：精华本 [M]. 沈阳：万卷出版公司，2009.

[31] 释印顺. 净土与禅——印顺法师佛学著作系列 [M]. 北京：中华书局，2011.

[32] 王充. 论衡 [M]. 长沙：岳麓书社，2015.

[33] 王弼. 老子道德经注 [M]. 北京：中华书局，2011.

[34] 刘禹锡. 刘梦得文集 [M]. 上海：上海古籍出版社，2013.

[35] 张载. 张子正蒙 [M]. 上海：上海古籍出版社，2010.

[36] 朱熹. 朱文公文集 [M]. 北京：商务印书馆，1980.

[37] 先秦诸子. 尚书引义·太甲二 [M]. 北京：中华书局，2012.

[38] 颜廷真，孙鲁健. 中国风水文化 [M]. 香港：三联书店（香港）有限公司，香港浸会大学当代中国研究所，2012.

[39] 李吉甫. 元和郡县图志 [M]. 北京：中华书局，2008.

[40] 许慎. 说文解字 [M]. 北京：中华书局，1963.

[41] 朱光潜. 谈美书简 [M]. 北京：中华书局，2012.

[42] 孟兆祯. 中国风景园林师的天职——继往开来，与时俱进 [J]. 中国园林，2008（12）：27-32.

[43] 李泽厚. 美的历程 [M]. 北京：中国社会科学出版社1981.

[44] 宗炳，王微原. 画山水序 [M]. 北京：人民美术出版社，1985.

[45] 郭熙. 林泉高致 [M]. 郑州：中州古籍出版社，2013.

[46] 钱学森. 社会主义中国应该建山水城市 [J]. 建筑学报，1993（3）：19-19.

[47] 周维权. 中国古典园林史 [M]. 北京：清华大学出版社，2010.

[48] 计成. 园冶 [M]. 北京：中华书局，2011.

[49] 陈从周，苏州园林 [M]. 上海：上海人民出版社，2012.

[50] 潘仕成. 海山仙馆 [M]. 南京：凤凰出版社，2010.

[51] 曹雪芹. 红楼梦 [M]. 北京：人民文学出版社，2013.

[52] 陈直校正. 三辅黄图 [M]. 西安：陕西人民出版社，1980.

[53] 汉宝德. 物象与心境：中国的园林 [M]. 上海：上海三联书店，2014.

[54] 李商隐. 宿骆氏亭寄怀崔雍崔衮.

[55] 左丘明. 国语·周语 [M]. 上海：上海古籍出版社，1978.

[56] 佚名. 周礼·野庐氏 [M]. 上海：上海古籍出版社，2004.

[57] 班固. 汉书·贾山传 [M]. 北京：中华书局，1962.

[58] 郭茂倩. 乐府诗集·卷二十三 [M]. 上海：上海古籍出版社，1998.

[59] 李百药. 北周书·韦孝宽传 [M]. 北京：中华书局，1985.

[60] 陆翙. 邺中记 [M]. 北京：中华书局，2000.

[61] 曹寅，彭定求. 全唐诗 [M]. 北京：中华书局，1999.

[62] 马可·波罗. 马可·波罗游记 [M]. 北京：北京正蒙印书局，1913.

[63] 周礼·封人 [M]. 上海：上海古籍出版社 2004.

[64] 管仲. 管子·度地 [M]. 北京：中华书局，2019.

[65] 佚名. 开河记 [M]. 重庆：重庆出版社 2000.

[66] 脱脱等. 宋史·河渠志 [M]. 北京：中华书局，1985.

[67] 沈括. 梦溪笔谈 [M]. 上海：上海书店出版社，2003.

[68] 雷晋豪. 周道：封建时代的官道 [M]. 北京：社会科学文献出版社，2011.

[69] 中国公路交通史编审委员会. 中国古代道路交通史 [M]. 北京：人民交通出版社，1994.

[70] 班固. 汉书·百官公卿表 [M]. 北京：中华书局，1962.

[71] 司马迁. 史记·卫将军骠骑传 [M]. 北京：中华书局，1959.

[72] 徐萍芳. 考古所见秦汉长城遗迹 [M]. 北京：科学出版社，2007.

[73] 史念海. 河山集. 四集 [M]. 西安：陕西师范大学出版社，1991.

[74] 周维权. 中国名山风景区 [M]. 北京：清华大学出版社，1996.

[75] 司马迁. 史记·平准书 [M]. 北京：中华书局，1959.

[76] 王象之. 舆地纪胜 [M]. 北京：中华书局，1992.

[77] 王俊. 中国古代旅游 [M]. 北京：中国商业出版社，2006.

[78] 孟兆祯. 园衍 [M]. 北京：中国建筑工业出版社，2012.

[79] 深圳市规划和国土资源委员会. 深圳市绿道网专项规划 [R]. 深圳市城市规划设计研究院，2011.

[80] 广东省住房和城乡建设厅. 珠三角区域绿道（省立）规划设计技术指引（试行）[R]. 深圳北林苑景观及建筑规划设计院，2009.

[81] 司空图. 诗品二十四则·委曲.

[82] 何昉，夏兵，梁仕然. 景观水保学——城市水土保持的理论探索 [J]. 风景园林，2013（5）：27-30.

[83] 何昉. 绿道网为幸福城乡提供全方位的关爱 [J]. 风景园林，2012（3）：169.

[84] 宗白华. 中国艺术意境之诞生 [M]// 美学散步. 上海人民出版社，2015.

[85] 何昉，锁秀，高阳，李辉，等. 基于原型特征的中国理想城市环境初探 [J]. 风景园林，2011（6）：45-49.

[86] 蔡瀛，何昉，李颖怡，康凯珊. 融入城乡的绿道网选线思路与规划方法 [J]. 规划师，2011（9）：32-38.

[87] 广东省住房和城乡建设厅. 珠三角绿道网标识系统设计 [R]. 2010.

[88] 珠江三角洲绿道网总体规划纲要 [J]. 建筑监督检测与造价，2010（3）：10-70.

[89] 夏兵，何昉，锁秀 . 广东绿道多功能开发探索 [J]. 风景园林，2012（3）：87-90.

[90] 河北省林业厅，省环首都绿色经济圈建设领导小组办公室 . 环首都绿色经济圈绿道网总体规划 [R]. 深圳市北林苑景观建筑规划设计院，河北省林业调查设计院，2012.

[91] 深圳市城市管理局 . 区域绿道 2 号线深圳特区示范段 [R]. 深圳市北林苑景观及建筑规划设计院 .

[92] 何昉 . 传承"山水城市"理念的珠三角绿道实践——纪念钱学森诞辰 100 周年 [J]. 广东园林，2011（6）：11-12.

[93] 珠三角区域绿道 2 号线深圳大运支线段规划设计 [R]. 深圳市北林苑景观及建筑规划设计院，2011.

[94] 珠三角区域绿道 5 号线深圳段规划设计 [R]. 深圳市北林苑景观及建筑规划设计院，2011.

[95] 锁秀，何昉，高阳，夏兵 . 绿道——低碳生态城市建设的领跑者 [C]// 城市发展与规划国际大会，2010.

[96] 深圳湾公园规划设计 [R]. 深圳市北林苑景观及建筑规划设计院，中国城市规划设计研究院深圳分院，美国 swa group，深圳都市实践设计有限公司，深圳市勘察研究院有限公司等，2009.

[97] 广州市规划局 . 广州市绿道网建设规划 [R]. 广州市城市规划勘测设计研究院规划，2010.

[98] 珠海市住房和城乡规划建设局 . 珠海市城市绿道网总体规划（2010—2020）[R]. 珠海市规划设计研究院，2011.

[99] 佛山市国土资源与城乡规划局 . 佛山市城市绿道网建设规划（2011—2020）[R]. 佛山市城市规划勘测设计研究院，2011.

[100] 佛山南海中轴线开放空间及千灯湖公园 [R]. 深圳北林苑景观及建筑规划设计院，SWA，中规院深圳分院，2002.

[101] 惠州市住房和城乡规划建设局 . 惠州市区绿道网专项规划（2010—2020）[R]，惠州市规划设计研究院，2010.

[102] 东莞市城乡规划局 . 东莞市绿道网总体规划（2010—2020）[R]. 东莞市城建规划设计院，东莞市岭南景观及市政规划设计有限公司，2010.

[103] 中山市城乡规划局 . 中山市绿道网总体规划 [R]. 2011.

[104] 江门市绿道网总体规划 [R]. 江门市规划勘察设计研究院 .

[105] 肇庆市绿道网建设总体规划（2011—2015）[R]. 肇庆市城市规划设计院，2011.

[106] 南宁市规划管理局 . 南宁市中心城绿道网总体规划 [R]. 深圳市北林苑景观及建筑规划设计院，2013.

[107] 石狮市绿道系统规划 [R]. 深圳北林苑景观及建筑规划设计院，2013.

[108] 东湖绿道实施性规划项目：方案设计，郊野道 [R]. 深圳北林苑景观及建筑规划设计院，2015.

[109] 何昉，李辉，锁秀 . 广东绿道的特色规划设计实践 谈深圳大鹏绿道规划设计的审美量化 [J]. 风景园林，2013（6）：103-105.

[110] 深圳市大鹏新区管理委员会，深圳市城管局七娘山国家地质公园管理中心，深圳市大鹏新区绿道总体规划 [R]. 深圳北林苑景观及建筑规划设计院，2012.

[111] 东莞市松山湖科技产业园管委会 . 东莞松山湖高科技产业园总体规划 [R]. 中国城市规划设计研究院，2002.

[112] 东莞松山湖高科技产业园景观设计 [R]. 深圳北林苑景观及建筑规划设计院，2009.

审图号：GS（2020）5929

图书在版编目（CIP）数据

中国绿道规划设计理论与实践 = The Theory and Practice of China Greenway Planning and Design / 何昉著 . —北京：中国建筑工业出版社，2019.11

ISBN 978-7-112-24397-6

Ⅰ. ①中… Ⅱ. ①何… Ⅲ. ①城市道路—道路绿化—绿化规划—研究—中国 Ⅳ. ① TU985.18

中国版本图书馆 CIP 数据核字（2019）第 245941 号

责任编辑：杜　洁　付　娇　兰丽婷
责任校对：李美娜

中国绿道规划设计理论与实践
The Theory and Practice of China Greenway Planning and Design
何　昉　著
*
中国建筑工业出版社出版、发行（北京海淀三里河路9号）
各地新华书店、建筑书店经销
北京点击世代文化传媒有限公司制版
北京富诚彩色印刷有限公司印刷
*
开本：880毫米×1230毫米　1/16　插页：1　印张：18¾　字数：398千字
2019年12月第一版　2019年12月第一次印刷
定价：178.00元
ISBN 978-7-112-24397-6
　　（34882）